"十四五"职业教育国家规划教材

表面贴装技术

主　编　田贞军　车君华　罗朝平
副主编　曾　福　奚小花　冯书利
参　编　阳兴见　雷菊华　方志兵

北京理工大学出版社
BEIJING INSTITUTE OF TECHNOLOGY PRESS

内容简介

本书紧紧围绕"培养什么人、怎样培养人、为谁培养人"这一教育根本,面向现代电子制造业对表面贴装技能人才需要、依据教育部颁布的《职业教育专业简介(2022年修订)》、融入"电子装联""1+X"职业技能等级证书标准、行业标准及企业新技术、新工艺和新规范编制而成。本书以实际生产案例为载体,按照表面贴装技术工艺流程进行教材设计,表面贴装技术(SMT)分为印刷、贴片、回流焊接、检测与返修四个项目,具体包括印刷机的操作维护、贴片机的操作维护、回流焊机的操作维护、检测设备的操作与维护内容。

本书根据岗位要求和贴装流程,融入劳动精神和工匠精神,并结合企业工单设计了任务工作册,引导学生学习新技术、新工艺、新规范,应用所学完成贴装任务,强化技能训练,培养学生综合职业能力。本书可作为中等职业学校电子技术应用、微电子技术等专业的教学用书,也适用于社会从业人士的业务参考书及培训用书。

版权专有　侵权必究

图书在版编目(CIP)数据

表面贴装技术/田贞军,车君华,罗朝平主编. --北京:北京理工大学出版社,2021.11(2023.11重印)
ISBN 978-7-5763-0630-9

Ⅰ. ①表… Ⅱ. ①田… ②车… ③罗… Ⅲ. ①SMT技术–教材 Ⅳ. ①TN305

中国版本图书馆CIP数据核字(2021)第222380号

责任编辑:陆世立		**文案编辑**:陆世立	
责任校对:周瑞红		**责任印制**:边心超	

出版发行	/ 北京理工大学出版社有限责任公司
社　　址	/ 北京市丰台区四合庄路6号
邮　　编	/ 100070
电　　话	/ (010)68914026(教材售后服务热线)
	(010)68944437(课件售后服务热线)
网　　址	/ http://www.bitpress.com.cn
版 印 次	/ 2023年11月第1版第2次印刷
印　　刷	/ 定州市新华印刷有限公司
开　　本	/ 889mm×1194mm　1/16
印　　张	/ 10
字　　数	/ 199千字
定　　价	/ 35.00元

图书出现印装质量问题,请拨打售后服务热线,负责调换

前言

党的二十大报告提出："教育是国之大计、党之大计。培养什么人、怎样培养人、为谁培养人是教育的根本问题。育人的根本在于立德。"本书以立德树人为宗旨，坚持能力本位、德技并修，"岗课赛证"融通，校企"双元"联合开发。

"表面贴装技术"是中等职业学校电子技术应用专业的专业方向课程。本书根据电子产品生产制造职业标准和课程标准，引入"电子装联""1+X"职业技能等级证书标准，按照表面贴装技术（SMT）"锡膏印刷、贴片、回流焊、检修"四个工艺流程进行编排，分别对印刷机、贴片机、回流焊机、AOI 和 X-ray 贴装设备的结构、分类、工作原理、操作步骤和日常维护内容进行介绍，同时以"校中厂"SMT 产线为依托，实际生产案例为载体，按照"任务驱动、理实一体化"进行设计，将工艺流程的知识内容做成知识库手册，将任务实施引导文做成任务工作页手册。

本书以"以学生为中心、成果导向和持续改进"教育教学理念，通过任务导向的实物和操作步骤图片，结合任务实施任务单，使教材内容与职业标准对接，教学过程与生产过程对接，学生做中学、教师做中教，以掌握工艺流程、学会操作设备为主线设计教学目标和任务，通过学习方法培养、技能手段训练、职业习惯养成三方面，注重激发学生主观能动性、增强学生岗位适应能力，满足 SMT 产线岗位能力要求。

本教材具有以下特色：

1. 强化职业能力培养：课程紧贴产业链，融入"敬业、精益、专注、创新"工匠精神，开展"理实一体化"教学，并且在任务实施环节采用"过程与结果并重、专业技能与素养并重"的考核评价方式，培养学生现代电子产品制造岗位所需的表面贴装技术职业能力。

2. 对接新技术、新工艺、新规范：依据电子信息行业电子电路制造岗位、"电子装联""1+X"职业技能等级证书标准和技能大赛技能标准，引入 SMT"新技术、新工艺、新规范"，以企业实际生产任务为载体、工作过程为导向进行内容组编。

3.强化教材向学材的转化：教材的内容组织采取"知识内容页+工作任务页"的组合方式，更加贴合企业实际生产作业，便于学生自主搜索资料、强化技能训练。

本书教学建议总学时72学时，各项目教学参考学时分配如下。

项目	内容	学时
项目一	印刷机的操作与维护	16
项目二	贴片机的操作与维护	20
项目三	回流焊机的操作与维护	16
项目四	检测设备的操作与维护	20
总学时		72

本书由重庆市经贸中等专业学校田贞军、济南职业学院车君华、重庆市经贸中等专业学校罗朝平担任主编；重庆市经贸中等专业学校曾福、奚小花、重庆航领电路板有限公司冯书利任副主编；重庆市经贸中等专业学校阳兴见、雷菊华、方志兵等参与编写。本书编写得到重庆航凌电路板有限公司和致伸科技（重庆）有限公司的大力支持，同时还得到了重庆文理学院程正富教授和欧汉文教授、重庆电子工程职业学院夏西泉副教授等同行专家的指导，在此一并表示诚恳的谢意。

由于编者水平有限，难免存在不足和错误之处，敬请广大读者批评指正。

编 者

目录

项目一　印刷机的操作与维护 ·· 1

　　任务一　参观认识 SMT 生产车间 ··· 1

　　任务二　印刷鼠标电路板锡膏 ··· 10

　　任务三　维护锡膏印刷机 ··· 24

项目二　贴片机的操作与维护 ·· 28

　　任务一　鼠标电路板贴片前的准备 ··· 28

　　任务二　编写鼠标电路板贴片程序 ··· 42

　　任务三　鼠标电路板贴片生产 ··· 57

　　任务四　维护贴片机 ·· 60

项目三　回流焊机的操作与维护 ·· 63

　　任务一　认识回流焊机 ·· 63

　　任务二　操作回流焊机 ·· 71

　　任务三　维护回流焊机 ·· 82

项目四　检测设备的操作与维护 ·· 85

　　任务一　认识检测设备 ·· 85

　　任务二　操作与维护检测设备 ·· 94

参考文献 ··· 106

项目一
印刷机的操作与维护

知识树

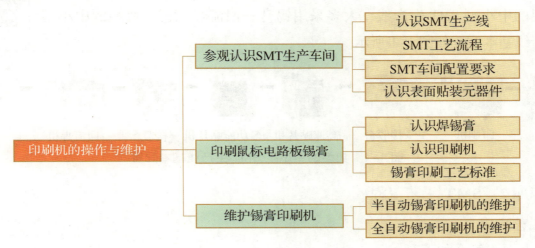

任务一　参观认识 SMT 生产车间

一、学习目标

1. 掌握典型的 SMT 生产线配置、SMT 工艺流程和车间环境配置要求。
2. 掌握表面贴装元器件的基本知识，能正确识别、清点表面元器件和进行库存管理。
3. 具备基本的安全生产规范意识和"8S"管理规范意识。

二、任务描述

今天，电子技术应用专业 1 班的 46 名同学到合作企业 A 公司的 SMT 生产车间参观，并要求完成以下几个小任务。

1. 绘制 SMT 典型生产工艺流程，注明每个环节的设备名称。
2. 完成一批表面贴装元器件的识别和清点。
3. 说明车间温度和湿度配置要求，指明车间安全标志的含义。

三、任务知识库

知识库1　认识SMT生产线

典型SMT生产线的组成

电子产品表面组装技术，简称SMT（Surface Mounted Technology），是指将无引脚或短引脚的电子贴片元器件直接焊接安装在PCB（印制电路板）表面指定位置的系列工艺流程。该技术工艺简单、成本低、组装密度高、效率高、对元件热冲击小、自动化程度高，是实现电子产品的小型化、多功能化、低缺陷率、高可靠性的主要技术手段之一。

【查一查】表面贴装技术（SMT）和传统的插件组装技术（THT）相比有何区别？

典型的中小型SMT生产线，大多采用锡膏—回流焊工艺。典型的中小型SMT生产线基本配置如图1-1所示。

解析1

上板机　印刷机　接驳台　高速贴片机　多功能贴片机　接驳台　回流焊机　下板机

图1-1　典型的中小型SMT生产线基本配置

知识库2　SMT工艺流程

1. 工艺构成

各工艺要素简介如下：

①丝印。用丝网印刷机将焊锡膏通过钢网模型漏印到PCB的焊盘上，或将贴片胶水漏印到每个元件的焊盘之间。

②点胶。用点胶机将焊锡膏点涂到PCB的焊盘上，或将贴片胶水点涂到每个元件的焊盘之间。

③贴片。用贴片机将表面贴装元器件准确安装到PCB的指定位置上。

④固化。用固化炉采用红外加热的方式将贴片胶水熔化，使表面贴装元器件与PCB牢固粘接在一起。

全自动点胶机绘各种图形视频

⑤回流焊接。用回流焊机将焊锡膏熔化，使表面贴装元器件与PCB牢固实现焊接。

⑥波峰焊接。用波峰焊炉让PCB的焊盘及元器件的焊接部位直接与高温液态锡接触实现焊接。

⑦清洗。用清洗机除去组装好的PCB上影响电性能的物质或对人体有害的焊接残留物，如助焊剂等。

⑧检测。用检测设备对组装好的PCB进行焊接质量和装配质量的检测。常用设备有放大镜、显微镜、在线测试仪（ICT）、飞针测试仪、自动光学检测（AOI）、X-ray（X射线）检测

系统、功能测试仪等。

⑨返修。用维修设备对检测出有故障的PCB进行返工维修。常用设备为烙铁、返修工作台等。

2. 表面贴装技术包含以下两种基本工艺流程

①回流焊工艺流程。回流焊工艺流程是先在PCB焊盘上印刷锡膏，完成贴片后直接进入回流焊环节，简短、快捷、效率高、精度高，目前是工厂贴片生产主要采用的工艺流程。回流焊工艺流程图如图1-2所示。

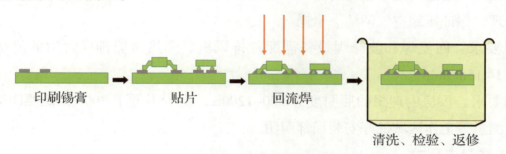

图1-2　回流焊工艺流程图

②波峰焊工艺。波峰焊工艺需要先在PCB上涂敷黏接剂（一般使用红胶，涂敷在元件焊盘之间），然后将红胶加热固化（用于固定元件），再翻转安装插件元件，之后才进入波峰焊环节。波峰焊工艺的流程复杂、耗时长、精度相对较低，现在已较少采用。

波峰焊工艺流程图如图1-3所示。

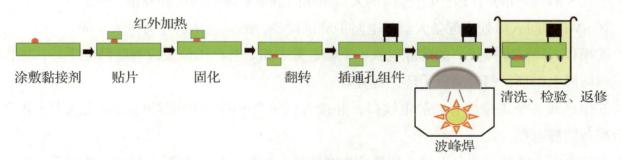

图1-3　波峰焊工艺流程图

【想一想】仔细观察两种工艺流程图，有什么区别？

【拓展思考】两种工艺流程能够组合出新的工艺流程吗？

解析2

解析3

知识库3　SMT车间配置要求

为了保证SMT生产车间的设备正常运行和电子产品组装质量，设备和工艺材料对环境的能源、清洁度、温度、湿度、防静电等都有一定要求。具体如下。

1. SMT车间环境要求

①生产车间要求。生产车间地面的承载能力应大于$8kN/m^2$，振动应控制在70dB以内（最大值不超过80dB），噪声应控制在70dB（A）以内。

②生产环境要求。生产车间内应保持清洁卫生、无尘土、无腐蚀性气体，清洁度控制在

50万级，环境温度控制在25℃±2℃内，相对湿度控制在45%~70%范围内。

③能源要求。

A. 电源要求。要求稳定的电压，一般单相AC 220V［220（1±10%）V，50/60Hz］，三相AC 380V［380（1±10%）V，50/60Hz］，电源的功率要大于功耗的1倍以上。其中，为了避免电源干扰、保证贴装精度，贴片机的电源单独接地。

B. 气源要求。中小型车间一般单独配置空气压缩机，要求压力大于7kgf/cm^2[①]，用不锈钢或耐压塑料管做空气管道，再根据设备的要求配置各设备的气源压力。压缩空气还需要去油、去尘、去水处理，保证压缩空气清洁、干燥。

④排风要求。回流焊和波峰焊设备需配置排风机。全热风炉排风管道的流量值应大于500ft^3/min（14.15m^3/min）。

⑤照明要求。厂房内理想的照明度为800~1200lx，至少不低于300lx，低照明度时，在检验、返修、测量等工作区域最好安装局部照明。

2. SMT防静电要求

静电放电易损坏电子元器件和电子产品，造成不可估计的损失。因此在电子产品制造过程中要严格遵守防静电要求。主要有如下防静电措施。

① SMT车间地板应采用防静电聚氯乙烯（PVC）地板或防静电环氧树脂防尘自流坪地板，并定期检测地面、桌面、周转箱等表面电阻值是否满足要求。

② 在SMT车间的门口处应有专门的人员更换防静电衣服的场所和衣柜。

③ SMT车间入口处应配备人员静电防护测试设备，测试合格后才可进入车间。

④ 操作人员应穿戴统一的防静电衣、手套、鞋、帽，各个工位应设有防静电手环，操作时要佩戴防静电手环，每天测量手环是否有效。

⑤ 生产线各个工位都有防静电接口，并接入到整个SMT车间的静电防护系统中，各个工作台配备防静电垫。

⑥ 静电安全区的工作台上禁止放置非生产物品，如杯、包、衣服、书报、橡胶手套等。

⑦ 测试静电敏感元器件时应逐一拿取、测试和放置。

⑧ 加电测试时必须遵循加电顺序：按照低电压→高电压→信号电压顺序进行，去电顺序与此相反。同时注意电源极性不可颠倒，且电源电压不超过额定值。

3. 安全标志

生产加工前应首先明确车间内各安全标志的含义，注意安全事项，做到安全文明生产。常见的安全标志如图1-4所示。

① 紧急停止按钮。当人身或设备受到伤害时，拍下此按钮，设备各部分断电，非紧急情况严禁随意按下此按钮。

---

① 1kgf/cm^2=1×10^{4}kgf/m^2=98.0665×10^{3}N/m^2（Pa）。

②有电危险。盖内侧及周围连接物部位存在高电压,要注意电击危险;在维护和修理设备操作时一定要先切断主电源。

③危险、警告、注意。如果不按指令操作,设备硬件、软件及数据将受到破坏,或发生操作人员受伤事故。

④静电防护。注意静电防护。

⑤禁止。运行中请勿打开门;贴有此标签处有移动体,驱动中打开门并把身体的一部分伸进设备内部时非常危险。

⑥请勿伸手。设备运行时请勿伸进手,贴有此标签处有移动体,驱动中拆开或打开盖并把手伸进设备内部时非常危险。维修前请停止设备。

⑦禁止触摸。一般在贴片机贴装头的位置,提示请不要触摸"头"部。

⑧安全出口。发生火灾等紧急情况时按照出口指示能够迅速安全地疏散。

紧急停止按钮　　有电危险　　危险　　警告　　注意

静电防护　　禁止　　请勿伸手　　禁止触摸　　安全出口

图1-4　常见的安全标志

4. "8S"管理规范

"8S"指整理(SEIRI)、整顿(SEITON)、清扫(SEISO)、清洁(SEIKETSU)、素养(SHITSUKE)、安全(SAFETY)、节约(SAVE)、学习(STUDY)8个项目,简称为8S,是生产现场的管理规范,旨在全体参与共同创造一个高效、安全、洁净、文明的工作环境。

①整理。清除掉不用的东西,腾出空间。

②整顿。东西依规定摆放整齐,明确标示,不用浪费时间找东西。

③清扫。清除工作场所内的脏污,防止污染,保持工作场所干净、明亮。

④清洁。维持整理、整顿、清扫工作的成果,通过制度化、规范化贯彻到底。

⑤素养。提高文明礼貌水准,增强团队意识,养成依规定行事的良好工作习惯。

⑥安全。加强安全意识,规范安全操作,对不合安全规定的因素及时举报消除。

⑦节约。养成降低成本的习惯,减少浪费。

⑧学习。持续深入学习,理论与实践结合,提升自己的综合素质。

知识库4　认识表面贴装元器件

1. 表面贴装元器件的封装

SMT技术的快速发展,很大程度上得益于元器件的发展。从最开始的大型插件元件到现在的小型贴片元件和集成 IC，表面贴装元器件的电气性能、可靠性、贴装难度、散热性能等受到封装形式的影响。为了满足不同的生产要求，电子元器件有很多封装形式。SMT 车间的技术人员需要全面熟悉各类表面贴装元器件的封装知识，并学会正确地选择应用。表面贴装元器件的常见封装形式如表 1-1 所示。

表 1-1 表面贴装元器件的常见封装形式

字母简称	英文全称	图示	常用于	备注
BGA	Ball Grid Array		芯片	球形栅格阵列：在印刷基板的背面按阵列方式制作出球形凸点用以代替引脚
CAE	Aluminum Electrolytic Capacitor		铝电解电容	有极性
Chip	Chip		电阻（R）、电容（C）、电感（L）	片式元件
LCC	Leadless Chip Carrier		芯片	无引脚芯片载体：指陶瓷基板的 4 个侧面只有电极接触而无引脚的表面贴装型封装，也称为陶瓷 QFN（Quad Flat No-lead，四方扁平无引脚器件）
Melf	Metal Electrode Face		圆柱形玻璃二极管	2 个金属电极

续表

字母简称	英文全称	图示	常用于	备注
MLD	Molded Body		钽电容、二极管	模制本体元件
OSC	Oscillator		晶振	晶体振荡器
PLCC	Plastic Leaded Chip Carrier		芯片	引脚从封装的4个侧面引出，呈丁字形或J形，是塑料制品
QFP	Quad Flat Package		芯片	四方扁平封装：引脚从4个侧面引出呈海鸥翼（L）形；基材有陶瓷、金属和塑料3种
SOD	Small Outline Diode		二极管	小型二极管
SOIC	Small Outline IC		芯片	小型集成芯片

续表

字母简称	英文全称	图示	常用于	备注
SOJ	Small Outline J-Lead		芯片	J字形或丁字形引脚的小芯片
SON	Small Outline No-Lead		芯片	小型无引脚器件
SOP	Small Outline Package		芯片	小型封装，引脚从封装两侧引出呈海鸥翼状（L字形）
SOT	Small Outline Transistor	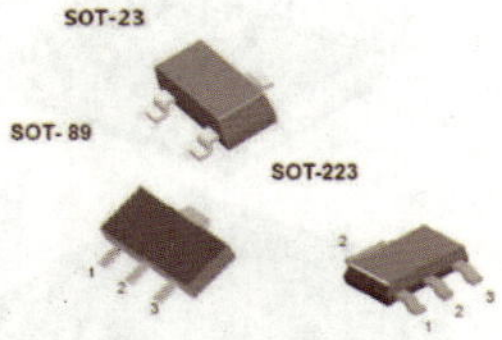	三极管，场效应管	小型晶体管
TO	Transistor Outline		电源模块	晶体管外形的贴片元件
Xtal	Crystal Oscillator		晶振	二引脚晶振

在实际 SMT 生产中，常见的 Chip 封装的电阻（R）、电容（C）、电感（L）有不同的尺寸，其尺寸有公制，也有英制的，Chip 元件的外形尺寸图例如图 1-5 所示。

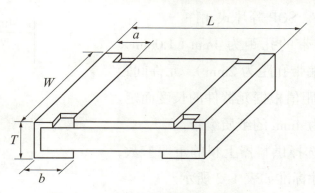

图 1-5　Chip 元件的外形尺寸图例

Chip 封装元件的常见尺寸参数如表 1-2 所示。

表 1-2　Chip 封装元件的常见尺寸参数

英制 /in	公制 /mm	长 (L) /mm	宽 (W) /mm	厚 (T) /mm	焊接部分上宽 a/mm	焊接部分下宽 b/mm
0201	0603	0.60 ± 0.05	0.30 ± 0.05	0.23 ± 0.05	0.10 ± 0.05	0.15 ± 0.05
0402	1005	1.00 ± 0.10	0.50 ± 0.10	0.30 ± 0.10	0.20 ± 0.10	0.25 ± 0.10
0603	1608	1.60 ± 0.15	0.80 ± 0.15	0.40 ± 0.10	0.30 ± 0.20	0.30 ± 0.20
0805	2012	2.00 ± 0.20	1.25 ± 0.15	0.50 ± 0.10	0.40 ± 0.20	0.40 ± 0.20
1206	3216	3.20 ± 0.20	1.60 ± 0.15	0.55 ± 0.10	0.50 ± 0.20	0.50 ± 0.20
1210	3225	3.20 ± 0.20	2.50 ± 0.20	0.55 ± 0.10	0.50 ± 0.20	0.50 ± 0.20
1812	4832	4.50 ± 0.20	3.20 ± 0.20	0.55 ± 0.10	0.50 ± 0.20	0.50 ± 0.20
2010	5025	5.00 ± 0.20	2.50 ± 0.20	0.55 ± 0.10	0.60 ± 0.20	0.60 ± 0.20
2512	6432	6.40 ± 0.20	3.20 ± 0.20	0.55 ± 0.10	0.60 ± 0.20	0.60 ± 0.20

2. 表面贴装元器件的包装

包装形式影响对元器件的保护能力、贴装质量和效率，以及生产物料的管理。为了方便存储、运送和使用，表面贴装元器件采用不同的包装形式，包括散装、编带式、管式和托盘式包装。

（1）散装

散装主要用于片式无引线无极性元件，例如电阻、电容。

（2）编带式包装

表面贴装元器件的包装编带有纸带和塑料带两种材料，其中纸质编带料盘如图 1-6 所示。在 SMT 生产包装形式中，编带式料盘占比最大。纸带主要用于包装片式电阻、电容。塑料带用于包装各种片式无引线元件、复

图 1-6　纸质编带料盘

合元件、异型元件、SOT、SOP 等片式元件。

纸质编带和塑料编带的孔距为 4mm（1.0mm×0.5mm 以下的小元件的编带孔距为 2mm），元件间距是 4mm 的倍数，具体间距值根据元器件的长度而定。图 1-7 所示是编带孔距为 4mm 的纸质编带。

编带的尺寸是后期选择供料器上料的重要参数，应熟练掌握。编带的尺寸标准如表 1-3 所示。

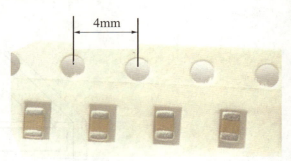

图 1-7　编带孔距为 4mm 的纸质编带

表 1-3　表面贴装元器件编带的尺寸标准

编带宽度 / mm	8	12	16	24	32	44	56
元件间距 / mm（4 的倍数）	2、4	4、8	4、8、12	12、16、20、24	16、20、24、28、32	24、28、32、36、40、44	40、44、48、52、56

（3）管式包装

主要用于存放 SOP、SOJ、PLCC、PLCC 插座，以及异型元件等，如图 1-8 所示。

（4）托盘式包装

托盘式包装又称华夫盘包装，主要用于存放 QFP、SOP、PLCC 等元件，便于运输和贴装，如图 1-9 所示。

图 1-8　管式包装

图 1-9　托盘式包装

任务二　印刷鼠标电路板锡膏

一、学习目标

1. 掌握锡膏的基本知识，能够正确完成锡膏的回温、搅拌、使用和存储管理操作。
2. 掌握印刷机的结构组成和工作原理，能正确操作印刷机完成印刷鼠标电路板锡膏的任务。
3. 掌握锡膏印刷工艺标准和印刷缺陷原因，能正确判断印刷产品是否满足工艺要求。
4. 具备低碳环保、友好环境和团结协作意识。

二、任务描述

合作企业A公司的SMT生产车间要完成50000块鼠标电路板的贴装生产任务,首先要对鼠标电路板进行印刷锡膏操作,其中主要包含以下几个小任务。

1. 准备锡膏。领取1罐锡膏,完成回温、搅拌操作。
2. 安装钢网。安装钢网时对准钢网开孔和PCB焊盘,调节刮刀和限位传感器。
3. 首件试产。添加适量锡膏,完成首件锡膏印刷和检验。
4. 结束生产。关机,收拾工位。

三、任务知识库

知识库1　认识焊锡膏

1.焊锡膏的组成

焊锡膏简称锡膏(Solder Paste),是由焊锡合金粉末和助焊剂混合而成的膏状混合物。在焊接时,将锡膏加热到一定温度,合金粉末熔化使表面贴装元器件与PCB焊盘形成合金性连接,而助焊剂能起到去除金属表面氧化层、防止氧化、增强流动性等作用,帮助焊接。

一般情况下,焊锡合金粉末重量占总重量的80%~90%;体积占总体积的50%,如图1-10所示。

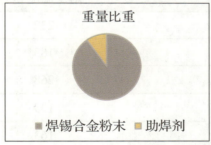
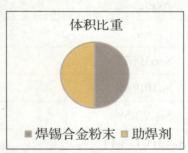

图1-10　焊锡合金粉末的重量占比和体积占比

焊锡膏的组成如图1-11所示,主要包括锡粉合金、松香、活性剂、溶剂、触变剂。其中助焊剂包括黏接剂(树脂或松香)、活性剂、溶剂、触变剂等,各项简要介绍如下。

(1)松香(或树脂)

占比50%~70%,是助焊剂的主要成分,加大锡膏黏附性,保护和防止焊后PCB再度氧化。

(2)活性剂

占比1%~5%,可以清除待焊金属表面上的氧化物。

(3)溶剂

占比20%~30%,在锡膏的搅拌过程

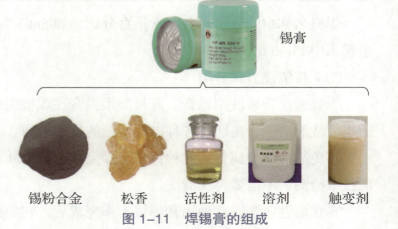

图1-11　焊锡膏的组成

中起调节均匀的作用，影响锡膏的寿命。

（4）触变剂（或抗垂流剂）

占比 3%~6%，影响锡膏黏度及印刷性能，防止锡膏在印刷时出现拖尾、粘连等现象，防止锡膏在印刷后发生坍塌。

2. 焊锡膏的分类

（1）按合金成分分类

①含铅锡膏。对人体和环境危害较大，但是 SMT 贴片焊接效果好且成本低。

②无铅锡膏。对人体危害性小，属于环保产品，应用于环保电子产品。

（2）按回流焊接温度分类

①高温锡膏。熔点一般在 217℃ 以上，焊接效果好。

②中温锡膏。熔点在 170℃ 左右，中温锡膏的特点主要是使用进口特制松香，黏附力好，可以有效防止塌落。

③低温锡膏。熔点为 138℃，低温锡膏主要加了铋成分，当贴片元器件无法承受 200℃ 及以上的温度且需要贴片回流工艺时，使用低温锡膏进行焊接。

各类焊料的熔点温度如表 1-4 所示。

表 1-4　各类焊料的熔点温度

焊料名称	熔点温度 /℃
Sn	232
Sn63Pb37	183
Sn10Pb90	268
Sn42Bi58	139
Sn43Pb43Bi14	163
Sn96.5Ag3.5	221
Sn96.5Ag3.0Cu0.5	216.65
Sn95.5Ag3.8Cu0.7	216.4

焊料名称中的数字是合金含量百分比，如 Sn63Pb37 的含义是合金粉末中 Sn 占比 63%、合金粉末中 Pb 占比 37%。

（3）按清洗方式分类

①普通松香清洗型锡膏。此种类型锡膏在焊接完成后，PCB 表面松香残留相对较多，可用适当清洗剂清洗，再通过各种电气性能的技术检测。

②免清洗型焊锡膏。此种锡膏焊接完成后，PCB 面较为光洁、残留少，可通过各种电气性能技术检测，不需要再次清洗。

③水溶性锡膏。此种锡膏焊接工作完成后，它的残留物可用水清洗干净，既降低了客户的

生产成本，又符合环保的要求。

3. 锡膏的存储

为保证锡膏的质量，应用专用冰箱存储锡膏，温度设置为2℃~10℃，避光保存，且有铅锡膏和无铅锡膏分开存储。锡膏的保质期一般为6个月，存储锡膏时应分批次登记到达时间、型号、保质期，并为每罐锡膏编号。

锡膏入库

【想一想】为什么要限制保存温度？

解析4

4. 锡膏的使用

（1）回温

遵循"先进先出"的原则，领用锡膏。

开封前必须将锡膏放置于车间室温（25℃±2℃）中自然回温，回温时间约3~4h，不能开盖回温，且禁止加热使其回温，因为加热回温会影响助焊剂活性，影响锡膏质量。

【想一想】为什么不能开盖回温？

（2）搅拌

在使用前，回温的锡膏需要充分搅拌，使锡膏的合金粉末和助焊剂混合均匀，保证锡膏的印刷性能和回流焊性能。

手动搅拌锡膏

解析5

①手动搅拌。手动搅拌方式如图1-12所示，手动搅拌锡膏时应尽量避免用手指直接接触锡膏，用搅拌刀完全、轻轻地搅拌锡膏，顺时针方向以80~90r/min的速度搅拌4min左右，搅拌至锡膏能从搅拌刀上自然线性滑落、色泽光亮即可。

②机器搅拌。企业中更多的是使用锡膏搅拌机进行搅拌锡膏，锡膏搅拌机的结构如图1-13所示。使用搅拌机的搅拌时间一般为1~3min，视搅拌机机种而定。

图1-12 手动搅拌锡膏

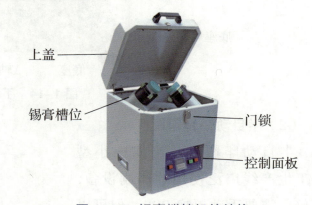

图1-13 锡膏搅拌机的结构

（3）锡膏的使用

①根据生产要求，以"少量多次"的方式添加锡膏，以维持锡膏的品质。

②锡膏开封后在室温下建议24h内用完。

③当天未使用完的锡膏，不可与尚未使用的锡膏共同放置，应另外存放在别的容器之中。

自动搅拌锡膏

④隔天使用时应先行使用新开封的锡膏，并将前一天未使用完的锡膏与新锡膏以1:2的

比例搅拌混合，并以"少量多次"的方式添加使用。

⑤换线超过 1h 以上，请于换线前将锡膏从钢板上刮起收入锡膏罐内封盖。

⑥为确保印刷品质建议每 4h 将钢板双面的开口以人工方式进行擦拭。

⑦锡膏印刷在 PCB 上后，建议于 4h 内放置零件进入回焊炉完成回流焊接。

⑧擦拭印刷错误的 PCB，应用无尘纸蘸工业酒精或工业清洗剂擦拭。

知识库 2　认识印刷机

1. 锡膏印刷机的分类

根据自动化程度，将锡膏印刷机分为 3 类：手动锡膏印刷机、半自动锡膏印刷机、全自动锡膏印刷机。手动锡膏印刷机操作过程完全手工操作，半自动锡膏印刷机需要手动更换 PCB，但可以自动印刷锡膏，全自动锡膏印刷机更换 PCB 和印刷锡膏全部自动完成。

（1）手动锡膏印刷机

手动印刷机是最简单且最便宜的印刷系统，但更换 PCB 和印刷锡膏均需人工完成，且每印一块 PCB，印刷的参数均需进行调整变化，需要作业者熟练的技巧。因此，手动锡膏印刷机效率低且印刷质量低，根本不能满足现在生产的需求，基本已被淘汰，仅少量存于实验室。手动锡膏印刷机的例子如图 1-14 所示。

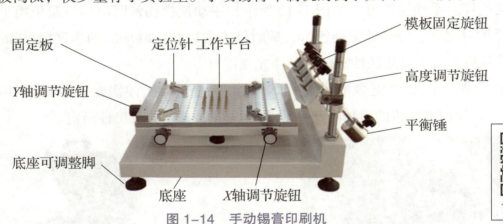

图 1-14　手动锡膏印刷机

（2）半自动锡膏印刷机

半自动印刷机是当前中小型 SMT 生产线广泛使用的印刷设备，它仍然需要手动更换 PCB，但可以自动印刷锡膏，且能够较好地控制印刷速度、刮刀压力、刮刀角度等，印刷效率和质量比手动锡膏印刷机大幅提升。半自动锡膏印刷机的例子如图 1-15 所示。

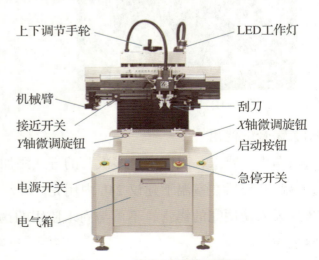

图 1-15　半自动锡膏印刷机

(3) 全自动锡膏印刷机

全自动锡膏印刷机的制程参数如刮刀速度、刮刀压力、印刷长度、非接触间距均可编程设定，PCB 的置取均是利用边缘承载的输送带完成，且用视觉系统代替人工定位，因此精度、自动化程度更高，适用于 SMT 生产大厂，如富士康。图 1-16 所示是广晟德全自动锡膏印刷机 GSD-PM650。

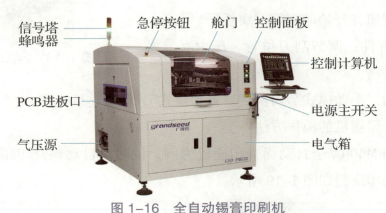

图 1-16　全自动锡膏印刷机

2. 锡膏印刷的原理

印刷锡膏是通过印刷机将钢网的开孔和电路板焊盘对齐并固定，然后用印刷机的刮刀刮动锡膏，将锡膏通过钢网模板漏印到 PCB 焊盘上的过程，锡膏印刷原理如图 1-17 所示。

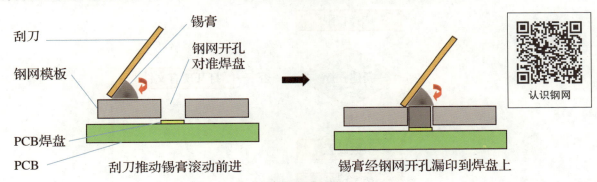

图 1-17　锡膏印刷原理

3. 锡膏印刷机的操作方法

因为手动锡膏印刷机基本淘汰，所以此处不再举例说明。接下来举例说明半自动锡膏印刷机和全自动锡膏印刷机的操作方法。

（1）半自动锡膏印刷机的操作方法

①开机接触紧急按钮，检查气压，操作界面选择"手动模式"。

②将 PCB 固定在平台上，并在 PCB 下方均匀放置顶针。

③固定钢网，调节微调旋钮，将钢网模板对准电路板焊盘。

④根据印刷要求选择合适型号的刮刀进行更换。

⑤根据印刷范围，点击控制面板上的"刮刀右移"或"刮刀左移"移动刮刀到适当位置，调节刮刀限位传感器位置。

⑥添加适量锡膏,要求刮刀宽度＞锡膏宽度＞PCB开口宽度,锡膏厚度一般在刮刀高度的1/2~2/3,遵循"少量多次"的原则添加锡膏。锡膏添加用量示意图如图1-18所示。

⑦确认工作台和周围安全后,同时按下左右两边的"启动"按钮,开始印刷第一块板子。

⑧根据印刷的首件,调节刮刀位置、压力等参数,直至印刷合格。

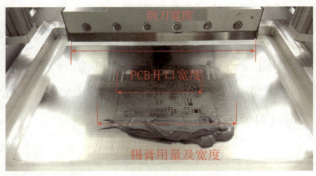

图1-18 锡膏添加用量

⑨将操作界面的"手动模式"切换到"自动模式",便可连续生产。

(2)全自动锡膏印刷机的操作方法

以广晟德GSD-PM400A全自动锡膏印刷机为例,说明全自动锡膏印刷机的操作方法。全自动锡膏印刷机的操作流程如图1-19所示。

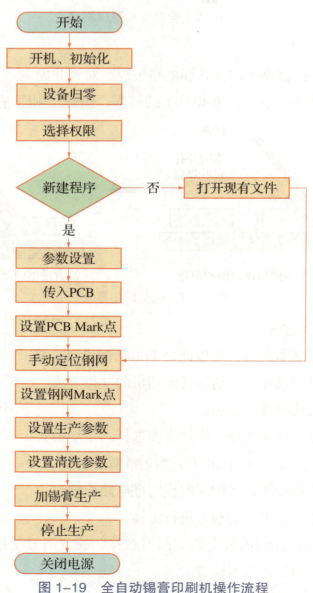

图1-19 全自动锡膏印刷机操作流程

①开机。检查电压（220V）、气压（0.3~0.7MPa），打开电源主开关：旋转到"ON"位置。全自动锡膏印刷机的气压表和电源主开关如图1-20所示。

②初始化。在计算机桌面上双击"GSDGUI"图表，进入软件界面后，点击"开始归零"，完成归零后，点击"退出"。程序初始化界面如图1-21所示。

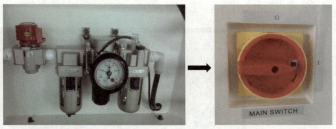

图1-20　全自动锡膏印刷机的气压表和电源主开关

图1-21　程序初始化界面

③进入生产界面。在图1-22选择"操作员"进入生产界面（或凭密码选择对应权限）。程序生产界面如图1-22所示。

图1-22　程序生产界面

④调用程序。点击"打开工程",调用现有程序生产(或点击"新建工程"新建程序)。调用程序界面如图1-23所示。

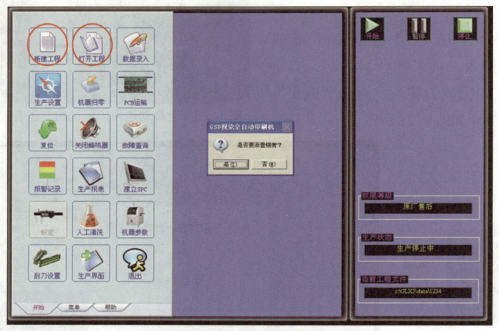

图1-23 调用程序界面

⑤调节轨道宽度。根据PCB数据,设置PCB的长、宽、厚数据(软件自动给出默认值),自动调节轨道宽度。调节轨道宽度界面如图1-24所示。

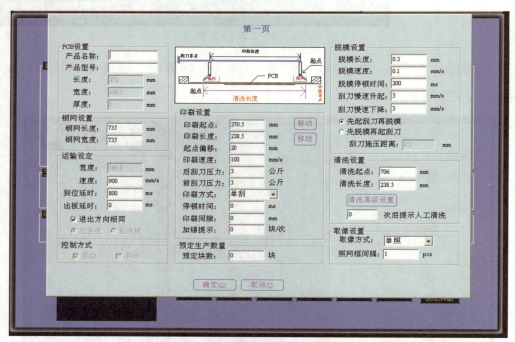

图1-24 调节轨道宽度界面

⑥放置顶块(或顶针)。根据PCB大小,在PCB轨道下方的平台上放置顶块。放置顶块操作如图1-25所示。

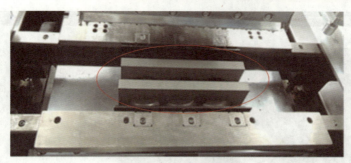

图 1-25 放置顶块

⑦传入 PCB：在传送轨道入口放一块 PCB，点击"自动定位"，PCB 自动传入并自动定位。定位好的 PCB 如图 1-26 所示。

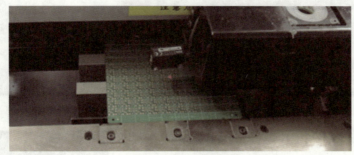

图 1-26 PCB 定位

⑧设置 PCB 的 Mark 点。点击"MARK 点设置"，进入下一步。设置 PCB 的 Mark 点界面如图 1-27 所示。

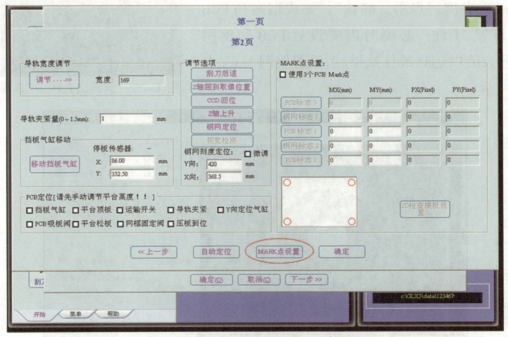

图 1-27 设置 PCB 的 Mark 点界面

设置当前 Mark 点类型，调节 LED1、LED2 参数，设置 PCB 的 Mark 点亮度，点击"自动匹配"。调节 Mark 点参数界面如图 1-28 所示。

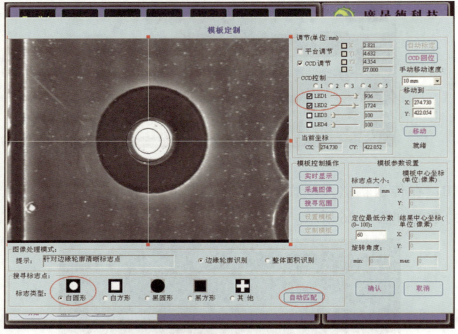

图 1-28 调节 Mark 点参数界面

⑨手动定位钢网。将与 PCB 匹配的钢网放置在钢网固定架上,目测初步确认钢网开孔与 PCB 焊盘完全重合。钢网网孔和 PCB 焊盘对齐状态如图 1-29 所示。

⑩设置钢网 Mark 点。调节 LED3、LED4 参数,调节钢网 Mark 光亮度,点击"确认",完成钢网和 PCB 的 Mark 点设置。(注:必要时需要设置 PCB 和钢网 Mark 点的分数值以达到最佳效果。)设置钢网 Mark 点如图 1-30 所示。

图 1-29 钢网网孔和 PCB 焊盘对齐状态

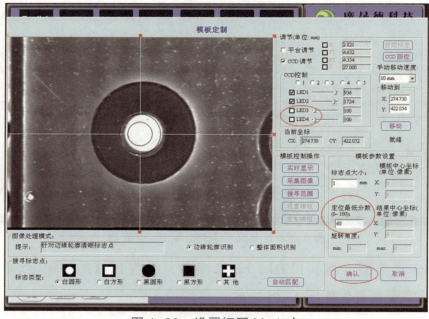

图 1-30 设置钢网 Mark 点

⑪设置生产参数。根据需要设置"生产设置参数",如印刷过程中有移位现象,可以设置误差补偿。设置生产参数界面如图1-31所示。

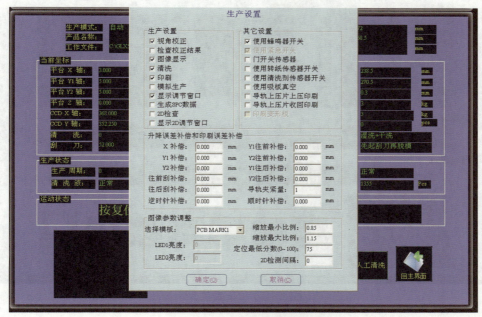

图1-31 设置生产参数

⑫设置清洗参数。设置清洗方式、次数、清洗液延迟时间、转纸数量等参数。设置清洗参数界面如图1-32所示。

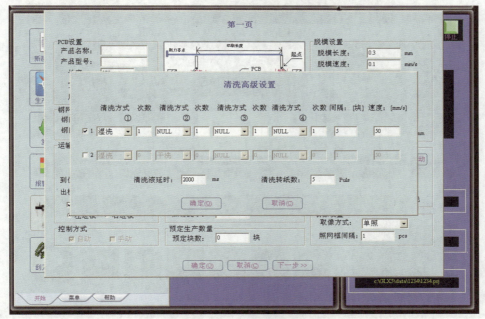

图1-32 设置清洗参数

⑬开始生产。设置完成,保存文件,点击"开始",即可开始生产。开始生产界面如图1-33所示。

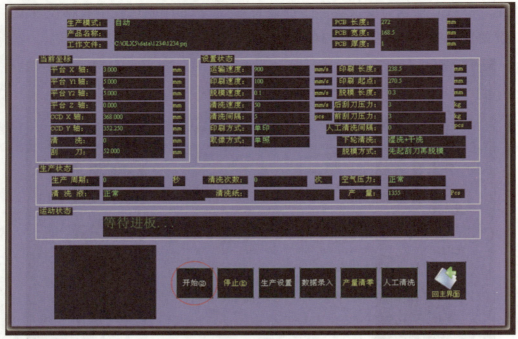

图 1-33 开始生产

⑭结束生产。生产完成，点击"停止"，再点击"是"退出，即可停止生产，然后关闭电源。结束生产界面如图 1-34 所示。

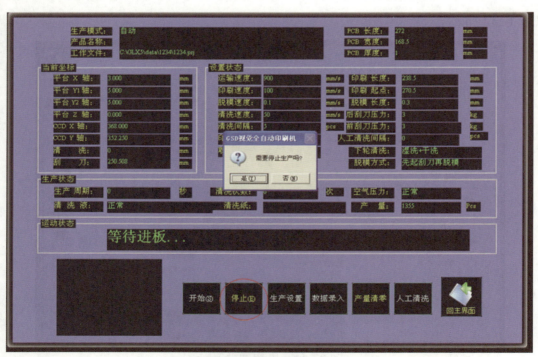

图 1-34 结束生产

知识库 3　锡膏印刷工艺标准

锡膏印刷工艺标准和锡膏印刷常见缺陷及原因分析分别如表 1-5 和表 1-6 所示。

表 1-5　锡膏印刷工艺标准

项目	评判等级	标准要求	图例
SMT 锡膏印刷	标准	1. 锡膏无偏移，锡膏覆盖焊盘 90% 以上。 2. 锡膏量足，锡膏厚度符合要求。 3. 锡膏成型佳，无崩塌断裂	
	合格	1. 锡膏有偏移，但偏移量小于焊盘的 15%。 2. 锡膏量均匀，成型佳，锡膏厚度符合要求	
	不合格	1. 锡膏印刷偏移超过焊盘的 15%。 2. 焊盘锡膏量不足，锡膏厚度不符合要求	

表 1-6　锡膏印刷常见缺陷及原因分析

序号	缺陷类型	图例	原因分析
1	漏印		1. 锡膏量过少，未及时添加。 2. 锡膏使用时间过长，锡膏干了。 3. 堵孔：未及时擦洗钢网、钢网清洗时不彻底、擦网纸残留在板上造成堵孔
2	偏移		1. 钢网制作问题，两边偏移。 2. 丝印程序未调整好，印锡偏移。 3. 上下左右角度偏移。 4. PCB 不同周期，Mark 点误差导致偏移。 5. PCB 拼板误差
3	连锡		1. 丝印机程序没有调好。 2. 丝印机刮刀与钢网间距没有调好，过大或过小。 3. 没有及时擦洗钢网。 4. 钢网本身开孔过度。 5. 锡膏过干或过稀。 6. 印好的锡膏板放置时间过长，导致锡膏塌陷丝连。 7. 印刷治具平整度不够，导致钢网与 PCB 之间的间距过大，从而导致下锡量过大造成连锡

续表

序号	缺陷类型	图例	原因分析
4	少锡		1. 钢网堵孔。 2. 丝印机未调好。 3. 丝印机顶针未顶到位，PCB 与钢网不贴合。 4. 锡膏量少时，未及时添加。 5. 擦网纸使用完未及时更换，导致残留堵孔
5	拉尖		1. 钢网堵孔（不完全堵孔）。 2. 丝印机未调好（刮刀压力、速度、脱模等）。 3. 丝印机顶针未放置到位，PCB 与钢网不贴合。 4. 钢网开孔（圆孔容易拉尖）。 5. 擦网纸使用完未及时更换，导致残留堵孔
6	锡薄		1. 印刷好的锡膏板放置时间过长导致塌陷。 2. 丝印机未调好（刮刀压力、速度、脱模等）。 3. 丝印机顶针未放置到位，PCB 与钢网不贴合。 4. 锡膏量少未及时添加（少锡）

任务三　维护锡膏印刷机

一、学习目标

1. 掌握半自动锡膏印刷机和全自动锡膏印刷机的保养内容和方法。
2. 能正确完成锡膏印刷机的保养任务。
3. 具备基本的安全生产规范意识和"8S"管理规范意识。

二、任务描述

良好的维护与保养，能保证锡膏印刷机的印刷品质，延长设备使用寿命，提高工作效率。刚刚结束生产后，需要清洁鼠标电路板生产用的钢网，完成一次印刷机周期保养。

知识库1　半自动锡膏印刷机的维护

1. 维护内容

①检查电源控制线路，电压是否正常。
②检查气压是否正常。
③检查器械装置的稳固性。
④检查气动装置的灵活性、限位传感器的灵敏性。
⑤检查控制面板功能是否正常。

清洁电路板污渍

⑥用无尘纸蘸取无水乙醇擦除工作台、刮刀、丝杠、导轨上的油污、残留锡膏等污渍。

⑦记录保养日期、保养内容，并根据保养周期预计下期保养时间。

2. 注意事项

①维护之前一定要切断机器的主电源开关。

②应使用厂家推荐的润滑剂且先检查其性能，以保证润滑效果。

③酒精是易燃物，用其清洁机器时应极其小心，不能与其他物质混合，以免导致人身伤害和机器损坏。

清洗钢网

知识库 2　全自动锡膏印刷机的维护

1. 维护项目和维护周期

全自动锡膏印刷机的维护以 GKG 全自动锡膏印刷机做举例说明。设备的检查维护按周期分为每日检查、每周检查、每月检查，具体检查维护项目如表 1-7 所示。

表 1-7　设备日常检查维护项目及检查周期

维护项目			维护周期		
机器部位	零件	维护内容	每日	每周	每月
网框	放置位置	正确、固定	√		
	顶面、底面	清洁及磨损	√		
清洗装置	清洗纸	用完后更换	√		
	酒精	检查液位并加注酒精	√		
空气压力部分	压力表	压力设置	√		
	空气过滤装置	清洁、正常工作			√
	所有气路	漏气情况			√
PCB 运输部分	工作台顶板阻挡螺钉	磨损情况	√		
	皮带	张紧是否适宜、有无滑脱			√
	停板气缸	磨损情况			√
工作台	滚珠丝杠	清洁、注油润滑			√
	导轨	清洁、注油润滑			√
	皮带	张力及磨损情况			√
	电缆	电缆包覆层有无损坏			√
刮刀	滚珠丝杠	清洁、注油润滑			√
	导轨	清洁、注油润滑			√
	皮带	张力及磨损情况			√
	电缆	电缆包覆层有无损坏			√

续表

机器部位	维护项目		维护周期		
	零件	维护内容	每日	每周	每月
视觉部分	滚珠丝杠	清洁、注油润滑			√
	导轨	清洁、注油润滑			√
	电缆	电缆包覆层有无损坏			√
其他	设备整体	清洁		√	

2. 典型部件的检查维护

①钢网框的检查维护。钢网框的主要部件如图1-35和图1-36所示，主要维护内容有：

A. 检查用于调节固定钢网模板大小位置的锁紧气缸有无松动。

B. 检查固定钢网气缸安装有无松动。

C. 对进行钢网模板调节的前导轨与后导轴定期进行清洁润滑清理。

D. 检查左右支板与平台的平行度，以及两支板的等高度。

E. 检查酒精是否喷射均匀。当酒精喷管被堵住时，用细小的金属丝（直径为0.3mm）轻轻导通。

F. 检查胶条是否与钢网完全平行接触，若不平行则应调整。

G. 取出胶条并将胶条各真空管体清洗干净，若胶条变形则应更换胶条。

图1-35 钢网框的主要部件1

图1-36 钢网框的主要部件2

②丝杠和导轨的清洗与润滑。丝杆和导轨应每月检查润滑效果是否良好。如果润滑油脂变脏，则用无尘纸擦去油脂。通常每年都应该检查和更换润滑油脂。丝杠和导轨的主要部件如图1-37所示。

图1-37 丝杠和导轨的主要部件

③气路系统。检查各气管路是否连接良好，特别是用于清洗液运输的管路；检查空气过滤器是否正常工作；检查各气动元件及管路有无漏气现象；检查并调整压力表上的压力，使压力符合以下要求。

A. 气路总压力：$6kgf/cm^2$。

B. 刮刀压力：$0~10kgf/cm^2$。

C. 网框夹紧压力：$5kgf/cm^2$。

D. 真空吸压力：$4kgf/cm^2$。

④运输导轨。检查侧夹机构是否运动平稳，非浮动结构是否有发卡现象，对侧夹导轨进行清洁润滑；检查运输导轨用于限位取向的阻挡螺钉磨损情况；检查气缸磁性开关是否正常；调整运输传送带的松紧；对进出板电眼进行清洁；上下导向导轨是否运动顺畅，并进行清洁润滑。

⑤工作平台。用干净的棉布蘸少许酒精对顶销、支持块、工作平台进行清洁；对感应器进行清洁；清洁并润滑丝杠及直线导轨。

⑥刮刀。刮刀的主要部件如图1-38所示，主要维护内容如下。

A. 移动刮刀架到适合位置，松开螺钉1取下刮刀压板和刮刀片。

B. 松开刮刀压板上螺钉2，取下刮刀片。

C. 用棉布蘸少许酒精，清洁刮刀压板和刮刀片。

D. 重新将刮刀压板及刮刀片装到刮刀架上。

E. 如刮刀片磨损严重应更换。

图1-38 刮刀的主要部件

项目二
贴片机的操作与维护

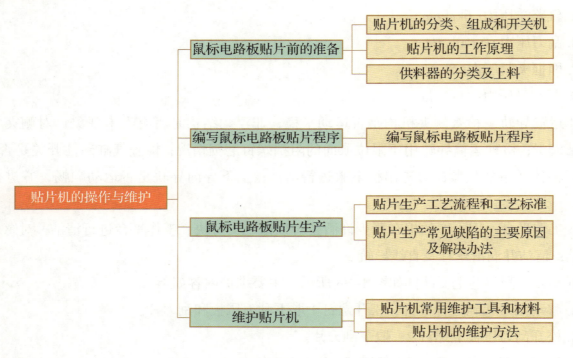

 鼠标电路板贴片前的准备

一、学习目标

1. 理解贴片机的工作原理，熟悉贴片机的分类和结构，能正确指明贴片机各组成部分的功能。
2. 掌握贴片机的开关机方法，能正确开关贴片机。
3. 掌握编带供料器的基本结构、型号，能熟练完成编带供料器的上料操作。
4. 学会养成良好的敬业精神和严谨的工作态度。

二、任务描述

1. 贴片前的设备准备。在贴片生产开始之前，先将贴片机开机，登录贴片生产软件，进行归零和暖机操作，为贴片生产做好准备。

2. 贴片前的物料准备。在贴片生产开始之前，根据BOM表（物料清单），领用PCB、元器件，合理选择编带供料器并完成编带供料器上料操作。物料清单如表2-1所示。

产品入库视频

表2-1 物料清单（BOM 表：Bill of Material）

零件编号	数量	单位	零件名称	位置
18050256	1	EA	LED BLUE 3.5×2	LED
10665942	2	EA	CHIP 0 OHM 0603 NORMAL	JP1，JP2
21058310	2	EA	CHIP 20 OHM SER ±5% 0603 NORMAL	R1，R2
21058312	2	EA	CHIP 0 OHM 0603 NORMAL	R3，R4
21058313	2	EA	CHIP 10 OHM SER ±5% 0603 NORMAL	R5，R6
31000231	3	EA	CAP 100UF 25V ±10% 1206 WALSIN L	C7，C12，C14
31000232	3	EA	CAP 10UF 25V ±10% 0805 WALSIN L	C8，C9，C22
31000233	2	EA	CAP 22UF 10V ±20% 0603 WALSIN L	C10，C11
31000234	2	EA	CAP 4.7UF 25V ±20% 0805 WALSIN L	C13，C16
41300630	1	EA	MCU SOP20 SUNPLUS L	U3

三、任务知识库

知识库1 贴片机的分类、组成和开关机

1. 贴片机的分类

全自动贴片机是整个SMT生产线上最核心的设备，能够实现全自动、高精度、高速贴装元器件。贴片机可按照贴装自动化程度、贴装速度、功能、贴装方式、贴片机结构等分类。

（1）按贴装自动化程度分类

贴片机按贴装自动化程度可分为手动、半自动、全自动贴片机。手动贴片机是指贴片的全过程均由人工完成，价格低廉适用于新产品研发；半自动贴片机可自动完成吸料和贴片动作，其余动作由人工完成，适用于小批量生产；全自动贴片机可自动完成上板、供料、定位、贴片、下板等全过程，适用于批量生产。手动贴片机和全自动贴片机分别如图2-1和图2-2所示。

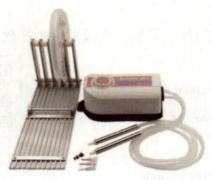

图 2-1　手动贴片机

图 2-2　全自动贴片机

（2）按贴装速度分类

贴片机按贴装速度可分为低速、中速、高速、超高速贴片机，各类贴片机的贴装速度如表 2-2 所示。

表 2-2　各类贴片机的贴装速度

贴装速度类型	贴装速度
低速	贴装速度 ≤ 4500 片 /h
中速	4500 片 /h < 贴装速度 ≤ 9000 片 /h
高速	9000 片 /h < 贴装速度 ≤ 40000 片 /h
超高速	40000 片 /h < 贴装速度

（3）按功能分类

贴片机按功能可分为（超）高速贴片机、多功能贴片机（也叫泛用贴片机）。高速贴片机主要用于贴装 Chip 封装元件，贴装速度快；多功能贴片机主要用于贴装大型元器件和异型元器件，贴装速度相对较慢。

（4）按贴装方式分类

贴片机按贴装方式可分为顺序式、同时式、同时在线式贴片机。

顺序式贴片机将元器件按顺序逐一贴装到 PCB 上；同时式贴片机同时拾取和贴装多个元器件，一个动作就能将全部元件贴装到 PCB 相应的焊盘上，但需要专用料斗且换料麻烦，已经很少使用；同时在线式贴片机具有多种贴装头，同时对一块 PCB 的不同位置进行贴装。

（5）按贴片机结构分类

贴片机按结构可分为拱架式、转塔式、复合式、大型平行系统贴片机（又称模组结构贴片机）。拱架式贴装头、转塔式贴装头和模组结构贴片机分别如图 2-3~图 2-5 所示。

拱架式贴片机的一个贴装头安装在 X/Y 拱架上，将供料器和 PCB 固定，贴装头通过在拱架上来回移动实现吸取和贴装元器件；转塔式贴片机的贴装头安装在一个转塔上，供料器和 PCB 均可移动，贴装头通过转塔转动实现吸取和贴装元器件；复合式贴片机结合拱架式和转塔式的特点，通过多个移动拱架实现多个转塔贴装头同时贴装，贴装速度可达 12 万片 /h；大型平行系统贴片机，由多个单独的贴装单元（又称模组）平行排列组成。每个单元就是一个小型贴片机，可以贴装 PCB 的一部分。每个单元贴装速度较慢（如 7500 片 /h），但可多个单元组合（如 20 个），速度可达 15 万片 /h。

图 2-3　拱架式贴装头　　　　图 2-4　转塔式贴装头　　　　图 2-5　模组结构贴片机

2. 贴片机的组成

全自动贴片机主要由机械系统、控制系统和识别系统三大部分组成，其具体组成如图 2-6 所示。

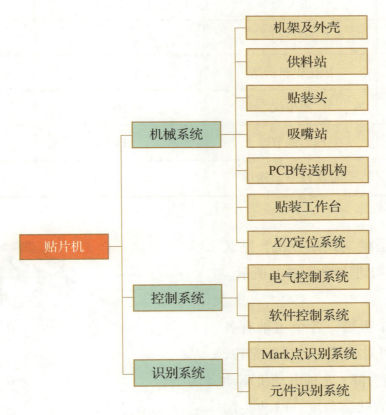

图 2-6　贴片机的组成

现以三星贴片机 SM482 为例说明贴片机的组成。

（1）设备外观及名称

贴片机的外观如图 2-7 所示，具体名称见表 2-3。

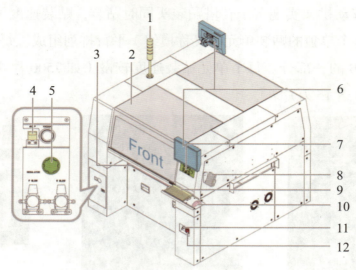

图 2-7 贴片机外观图

表 2-3 贴片机各部件名称

序号	名称	序号	名称
1	信号塔	7	前置操作面板
2	安全门	8	示教盒
3	固定供料器站	9	键盘
4	测压仪	10	鼠标
5	压力调节器	11	安全开关
6	前置LCD显示屏	12	主开关

（2）拱架

SM482贴片机是拱架式贴片机，贴装头安装在拱架上，X-Y框架如图2-8所示。

（3）贴装头

贴装头上有6个吸嘴，各个主轴有各自的飞行视觉相机可对元件中心进行定位，Z轴电动机驱动吸嘴升降，R轴电动机驱动吸嘴旋转满足特定的贴装角度。贴装头结构如图2-9所示。

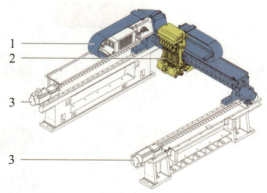

图 2-8 贴片机 X-Y 框架图
1—X轴；2—贴装头；3—Y轴

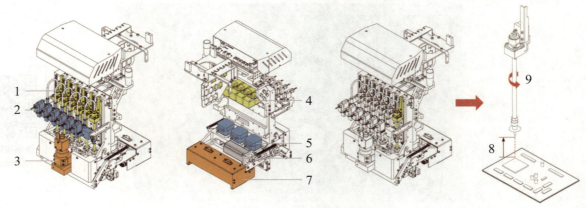

图 2-9 贴装头示意图

1—主轴；2—气动装置；3—基准相机；4—Z轴电动机；5—R轴电动机；
6—反射镜电动机；7—飞行相机；8—Z轴高度正方向；9—R轴旋转正方向

（4）坐标系

贴片机的坐标系为贴装头移动、贴装坐标定位、PCB 基准点标记等操作提供坐标定位，如图 2-10 所示，X/Y 轴用于水平面坐标定位，Z 轴用于高度坐标定位。

（5）PCB 传送系统

PCB 传送系统用于传送从前道工序传过来的 PCB，固定 PCB 并进行贴装，PCB 贴装完之后将 PCB 传送至下一道工序。贴片机的 PCB 传送系统如图 2-11 所示。

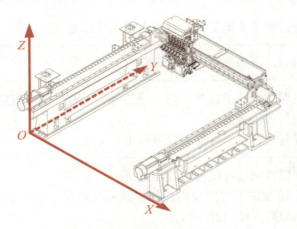

图 2-10 贴片机的坐标系

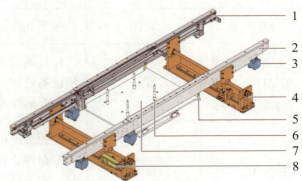

图 2-11 贴片机的 PCB 传送系统

1—固定框架；2—移动框架；3—PCB传送电机；
4—传送轨道宽度控制单元；5—PCB夹具；6—顶针；
7—贴装工作台；8—传送轨道宽度电机

（6）运行控制面板

贴片机的前、后面都有一个相同的运行控制面板，是贴片生产时的常用操作面板，其界面如图 2-12 所示，控制面板各按键的功能见表 2-4。

图 2-12 贴片机的运行控制面板

急停按钮演示

表 2-4 控制面板各按键的功能

按钮英文名称	按钮中文名称	按钮功能
EMERGENCY	紧急停止（简称急停）	1. 在紧急情况下按下此按钮，立即停止贴片机的运行，除了接通计算机的电源，其他所有电源都被切断。 2. 沿着按钮的箭头方向旋转按钮可解除紧急停止状态
STOP	停止	1. 按下此按钮可使设备暂停自动运转。但在贴装元器件的过程中按下此按钮时，贴片机会先完成当前贴装元器件动作后，再停止运行。 2. 在发生错误需要关闭报警声音时也使用此按钮
START	开始	按下此按钮时，设备开始自动运行
READY	准备	1. 接通总电源后，按下此按钮时，马达等驱动部件接通电源，使设备处在运行等待状态。 2. 要解除准备状态时，可按下紧急停止开关
RESET	重置	1. 此按钮可以强制结束设备的自动运行。 2. 在停止按钮被按下或因发生故障导致贴片机处于暂停状态时，为了解除故障而使用此按钮。 3. 在贴片机自动运行过程中 RESET 按钮不工作
F/R SELECT LOCK	前/后切换	1. 此按钮可以选择使用正面操作面板或背面操作面板。 2. 系统默认控制权在正面操作面板，若点亮背面操作面板，则可在背面操作
FEEDER CHANGE	供料器更换	在需要更换供料器时，按下该键，X-Y 框架即移动到安全位置，方便换料

（7）信号塔

贴片机用红、黄、绿 3 种颜色的灯组合显示设备的运行状态。作业人员可通过观察信号灯知道设备的状态，信号塔如图 2-13 所示。其各种指示状态代表的含义见表 2-5。

项目二 贴片机的操作与维护 35

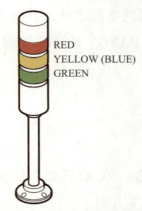

图 2-13 贴片机的信号塔

表 2-5 信号塔各指示状态的含义

指示灯状态	贴片机的状态	备注
红灯亮	表示贴片机处于停止状态	同时还会有连续报警声音响起,并在计算机显示屏上显示相应的报警信息
红灯闪烁	表示急停开关被按下或系统根据自我诊断处于紧急停止状态	
黄灯亮	表示贴片机处于等待状态	
黄灯闪烁	表示供料器上的元器件数量不足,或表示吸取元件错误	
绿灯亮	表示贴片机处在自动运行当中	
绿灯闪烁	表示贴片机处于暂停状态,按下"START"按钮可以重新开始自动运行	

(8)示教盒

"示教"指先人为手动演示操作,设备存储演示操作信息并重复操作。示教盒用于示教贴装头的操作、回归原点、元件的吸附与贴装位置。示教盒如图 2-14 所示,其包括选择示教(Teaching)对象的开关、X-Y 调节键、Z 轴上下运动键及旋转运动键等,以 LED 指示当前使用中的键。当信号塔亮黄灯,即贴片机处于 IDLE(空闲)状态时示教盒可用。

示教盒的常用操作如下。

① FREE 键。此键功能与急停按钮的功能相同,在紧急情况下按 FREE 键,

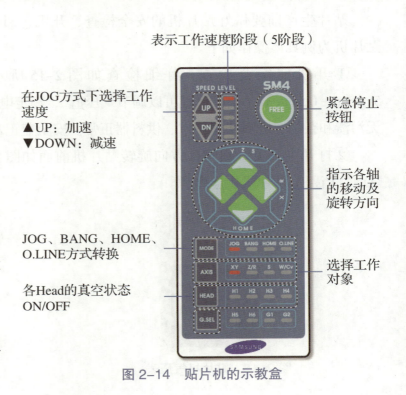

图 2-14 贴片机的示教盒

可以立即停止贴片机的运转。除计算机的电源之外，其他电源全部停止供应。

②模式（MODE）键。选择 JOG、BANG、HOME 等模式。每按一次 MODE 键，切换一种模式，各模式的内容如下。

A. JOG：移动各轴的模式。

B. BANG：细微移动各轴的模式。

C. HOME：各轴的原点复归模式。

③轴（AXIS）键。选择动作轴，每按一次 AXIS 键，切换一种动作轴，各动作轴的内容如下。

A. XY：把动作轴指定为 Head 的 XY 方向。

B. Z/R：把动作轴指定为吸嘴（Nozzle）的 Z 方向或旋转方向（R：Rotate 旋转，可控制吸嘴带动元件旋转的方向和角度）。

C. S：把动作轴指定为反射镜旋转方向。

D. W/Cv：把动作轴指定为传送装置（Conveyor）的 X 方向或 Y 方向。

E. 指示灯灭。模式选择 Home 时，对 X、Y、Z、R，全体进行原点复归。

④上下左右方向键：指示各轴的移动方向或旋转方向，根据不同 MODE（模式）和 AXIS（轴）的选择，其动作也不同。如在模式（MODE）行选择 JOG 或 BANG 后，AXIS（轴）行选择 XY，按下"UP"键可使速度加快，按下"DOWN"键可使速度放慢，速度可选择 5 个级别。

⑤HEAD 键。模式选择 HOME 以外的模式，AXIS（轴）选择 Z/R 时，指定作为动作对象的 Head 的编号。

3. 贴片机的开关机操作

（1）贴片机开机操作

贴片生产前要做好贴片机的安全检查、开机、回原点、暖机等准备工作。以三星 SM482 贴片机为例具体操作如下。

①开机前安全检查。仔细检查如图 2-15 所示的贴片机气压表，确保空气压力 $5kg/cm^2 \pm 0.5kg/cm^2$（上、下键可以调节气压值）、额定电压（三相交流电 220V ± 20V）、设备内部无污渍和杂物、吸嘴状态正常、供料器正常、安全盖正常关闭、设备周围无影响生产的因素。

②打开主开关。顺时针方向旋转贴片机前面如图 2-16 所示的主开关，由"OFF"挡转至"ON"挡，给贴片机供应电源。

图 2-15　贴片机气压表

图 2-16　贴片机主开关

③系统软件初始化。打开主开关后,系统程序自动进行如图2-17所示的初始化,检验贴片机的各模块。

④回原点。点击"搜索原点",系统完成如图2-18所示的归零操作。

⑤暖机。为提高贴片机的实际贴装精密度,实际贴装前大约利用10min执行暖机操作,暖机温度条件在20℃~28℃。点击"应用"→点击"暖机"后进入如图2-19所示的暖机界面,勾选"使用设定的暖机时间"→设置时间"10分钟"→点击"开始",设备自动执行暖机操作。

图2-17 贴片机系统初始化

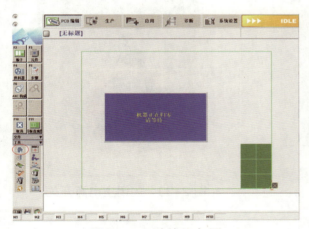

图2-18 贴片机归零

图2-19 贴片机暖机

(2)贴片机关机操作

贴片生产结束后或实训结束后,要正确关闭贴片机。具体操作如下。

①停止生产。点击"生产",进入如图2-20所示的生产界面,点击"PCB停止",贴片机贴装完正在贴装的一块PCB后将停止贴装。

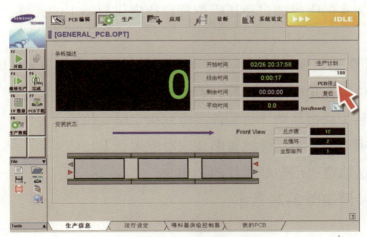

图2-20 贴片机停止生产

②复位。按下如图 2-21 所示的控制面板上的"RESET"按钮，将贴片机切换到"IDLE"（空闲）状态。

③退出软件。文件菜单中点击"退出"图标，再点击"确定"，即可结束软件运行，退出软件的操作界面如图 2-22 所示。

④关闭主电源开关。在如图 2-23 所示的主电源开关上，逆时针旋转主开关至"OFF"挡。

图 2-21　控制面板上的"RESET"按钮

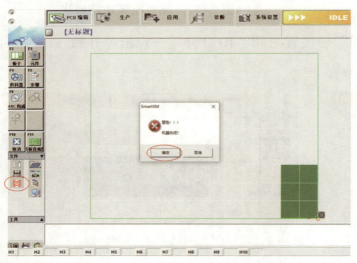

图 2-22　退出软件

图 2-23　关闭主电源开关

知识库 2　贴片机的工作原理

全自动贴片机能快速且准确地将元器件贴装到 PCB 对应焊盘上，具体可以细分为以下 7 步。

①"传"——通过传送轨道传入 PCB。

②"定"——贴片机将 PCB 固定在预定的位置。

③"取"——贴装头的吸嘴通过负压吸取程序指定供料站上的元件，通过传感器检测元件是否被吸取到。

④"查"——贴装头通过视觉识别系统，识别元件外形和尺寸与元件库中的信息是否符合，若相符则对元件中心位置和角度进行计算，若不符则抛到废料盒。

⑤"定"——贴装头通过移动，将元件定位到指定贴装位置。

⑥"贴"——吸嘴下降，将元件放置贴装到对应焊盘上。

⑦"送"——传送轨道送出贴好元件的 PCB。

贴装元件的 7 个步骤如图 2-24 所示。

贴片机工作原理七步法

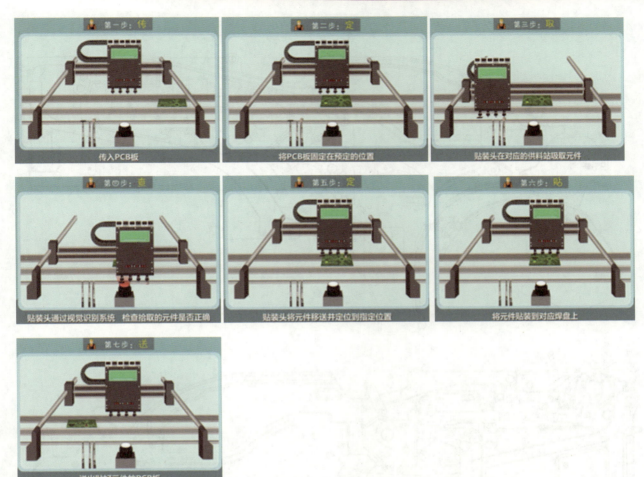

图 2-24 贴装元件 7 个步骤

知识库 3　供料器的分类及上料

1. 供料器的分类

不同封装类型的元件需要不同的包装，进而决定了贴片生产时需要对应不同的供料器。供料器又称喂料器、送料器，英文名称 Feeder，谐音也叫飞达。常用的供料器有托盘供料器、杆式振动供料器、编带供料器 3 类，如图 2-25 所示。

托盘供料器

杆式振动供料器

编带供料器

图 2-25　常用的 3 类供料器

在此对最常用且结构最复杂的编带供料器结构做说明，如图 2-26 所示。

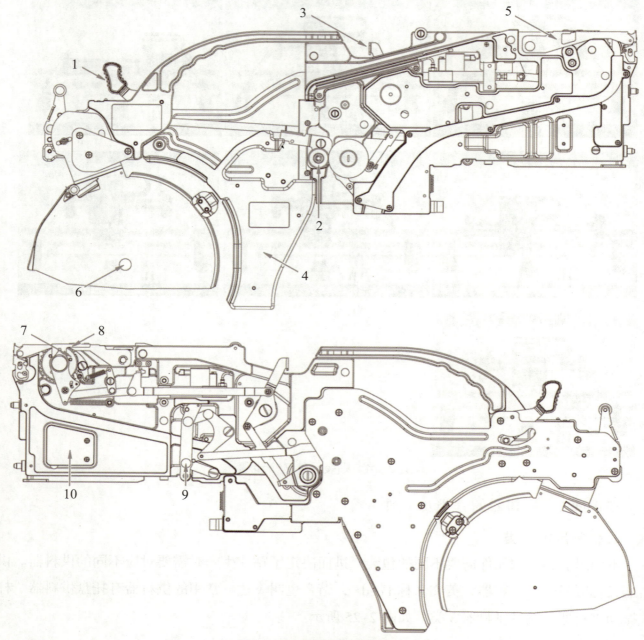

图 2-26 编带供料器的结构

1—锁定把；2—封带卷带轮；3—手动推料杆；4—控制模块；5—编带导孔；6—编带悬挂托盘；
7—编带齿轮；8—压料盖；9—传动机构；10—卸料盒

2. 编带供料器上料

托盘供料器和杆式振动供料器上料操作简单，在此说明编带供料器上料操作步骤，详细步骤如图 2-27 所示。

给编带供料器上料

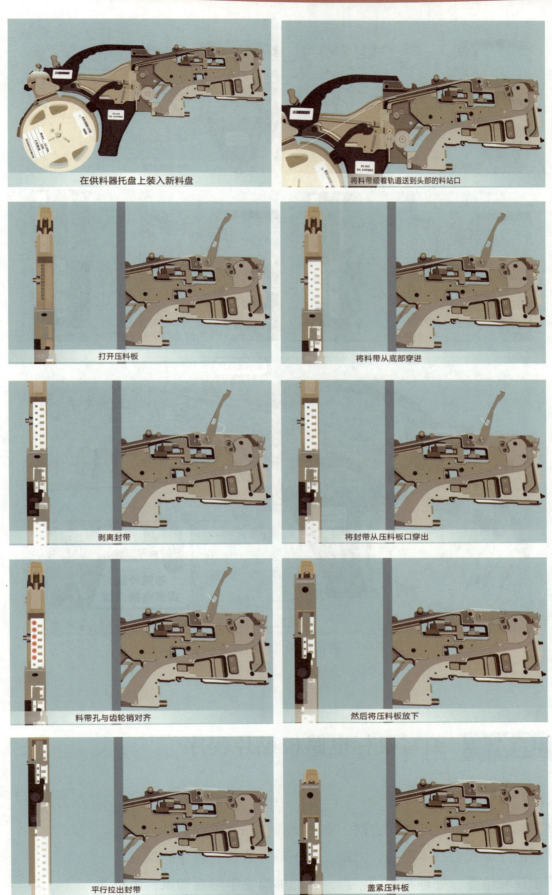

图 2-27 编带供料器上料步骤解析

封带沿着第一、二定位轮向下

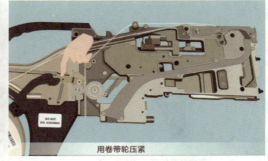
用卷带轮压紧

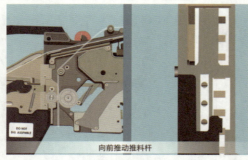
向前推动推料杆

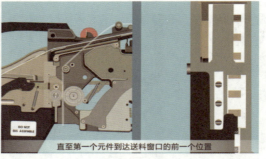
直至第一个元件到达送料窗口的前一个位置

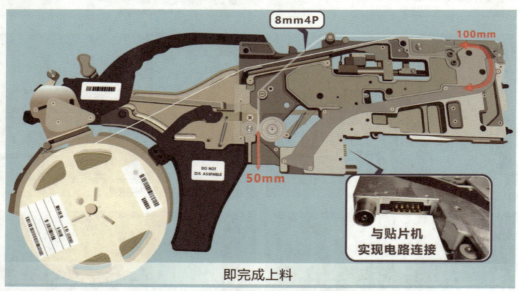
即完成上料

图 2-27　编带供料器上料步骤解析（续）

任务二　编写鼠标电路板贴片程序

一、学习目标

1. 掌握贴片编程软件的使用方法，能熟练操作贴片编程软件。
2. 掌握贴片编程的基本流程、方法，能正确完成任务程序的编写。
3. 善于获取信息、处理与应用信息，并能够自主学习新知识、新技能。
4. 能够将质量、成本意识融入程序编写过程中。

二、任务描述

现有一批鼠标电路板贴装生产订单,请参照图 2-28 中的电路板和表 2-1 中的物料清单,完成此 3×2 拼板电路板贴片程序的编写。具体要求如下。

1. 新建程序,以自己的姓名和学号命名。
2. 正确完成基板程序(2 个基准点标记)、元件程序、供料器程序、贴装步骤程序的编写。
3. 吸嘴配置和完成程序的优化。

图 2-28 3×2 拼板和单板特写

三、任务知识库

知识库 编写鼠标电路板贴片程序

贴片程序的编写是操作贴片机的核心技术,主要包括:新建程序、基板程序、元件程序、供料器程序、贴装步骤程序的编写和程序的优化。

1. 新建程序

有新的 PCB 贴装生产任务时,就需要编写新的贴片程序,首先是新建程序,具体操作步骤如下。

① 系统开机后自动进入如图 2-29 所示的 "PCB 编辑" 页面,在 "文件" 菜单选择 "新建" 子菜单。

② 选择 "新建" 命令时,会显示如图 2-30 所示的 "建立一个新建 PCB 文件" 对

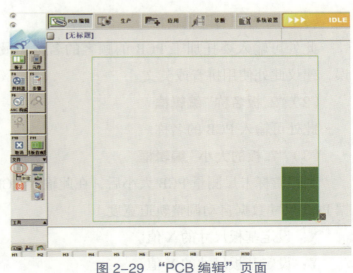

图 2-29 "PCB 编辑" 页面

话框。若勾选"从原有 PCB 文件拷贝数据"复选框,则可从已有程序文件拷贝特定数据来建立新的程序文件;若不勾选此复选框,则利用系统默认的数据建立程序。此处,我们不勾选此复选框,单击"建立"即可。

2. 基板程序的编写

新建程序后,需要在"PCB 编辑"菜单的"F2 板子"子菜单中,进入如图 2-31 所示的"板的定义"界面,编辑 PCB 的基本信息,具体操作步骤如下。

图 2-30 "建立一个新建 PCB 文件"对话框

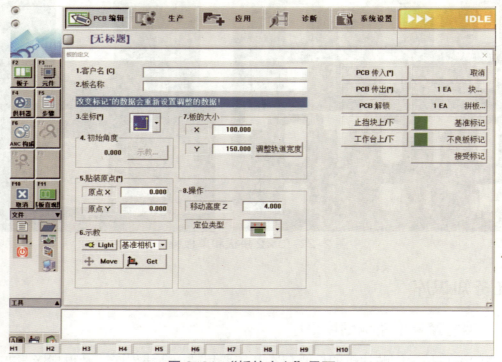

图 2-31 "板的定义"界面

(1)"1. 客户名"编辑框

此处可输入委托加工 PCB 的顾客的名称,最多可以输入 64 个字符。为避免路径识别错误,建议此处使用拼音或英文。

(2)"2. 板名称"编辑框

此处可输入 PCB 的名称。

(3)"7. 板的大小"编辑框

利用游标卡尺测量 PCB 大小后,在此输入 PCB 大小,再点击"调整轨道宽度",设备会根据 PCB 尺寸数据自动调整轨道宽度。

X:设定基板尺寸的 X 值。

Y:设定基板尺寸的 Y 值。

(4)"8. 操作"编辑框

设定基板的作业必要的各项数据。

在如图 2-32 所示的 PCB 定位类型中,一般选择第 2 种边缘定位,即利用传送轨道从侧面夹紧 PCB 的方法来定位。

移动高度 Z:此处可设置以 PCB 顶面为基准"0",头部移动的高度基本值为 4mm。但若贴装的部件高度大于 4mm,相应的值要调大。此值越大,贴装工作时间就越长,应设置最佳值。此值通常设置为 8mm。

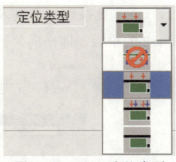

图 2-32 PCB 定位类型

(5)"PCB 传入"按钮

单击此按钮即可在贴片机的传送轨道输入端传入 PCB。

(6)"5. 贴装原点"编辑框

此处可设定 PCB 的贴装原点。设定此值后,整个 PCB 的元件贴装示教、基准点标记均以此为基准换算各坐标值。拼板时一般选择 PCB 右下角第一个直角焊盘作为贴装原点,更方便给每块小 PCB 定位,适用拼板的贴装原点如图 2-33 所示。

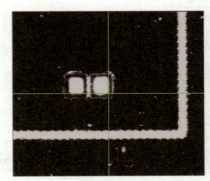
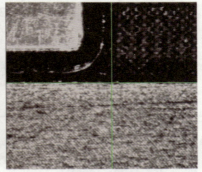

拼板时适用　　　　　　　拼板时不适用

图 2-33 适用拼板的贴装原点

如在本节任务中就可以选择 LED1_B 焊盘的右下角设置为贴装原点,贴装原点选择样例如图 2-34 所示。

(7)"6. 示教"编辑框

此处可以对 PCB 的贴装原点进行定位,并获取其坐标。

具体操作方法:在"Light"编辑框中选择"基准相机 1",利用示教盒准确定位贴装原点位置后,鼠标点击"原点 X"或"原点 Y"编辑框,点击"Get"(获取),即可获取贴装原点的准确坐标。

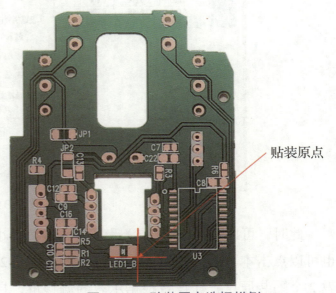

图 2-34 贴装原点选择样例

（8）"1EA 拼板"按钮

点击此按钮，可进入如图 2-35 所示的"PCB 拼板设置"界面。以本节任务为例，PCB 是 3×2 的拼板，即横向每行 3 块小 PCB，纵向每列 2 块小 PCB，共 6 块小 PCB。

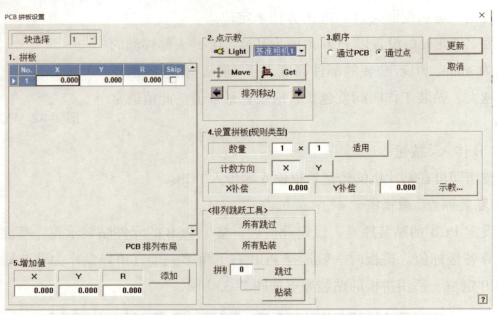

图 2-35 "PCB 拼板设置"界面

在"4.设置拼板［规则类型］"编辑框的"数量"编辑框中分别输入数字 3 和 2，点击"适用"按钮，会在"1.拼板"编辑框中自动生成 6 行可编辑的信号栏。设置 3×2 拼板示意图如图 2-36 所示。

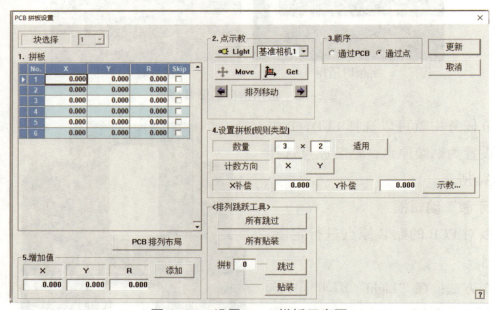

图 2-36 设置 3×2 拼板示意图

此时，可以选择像第（7）步那样示教每个小 PCB 的贴装原点，如本任务一共需要做 6 次。也可以点击本页面的"示教"按钮，进入如图 2-37 所示的"示教"界面，根据提示对设备示教 2 个贴装原点，让设备根据示教的偏移量，自动计算出每个小 PCB 的原点，这样可以快速完成拼板操作。拼板设置好后,点击"更新"按钮,保存拼板数据。

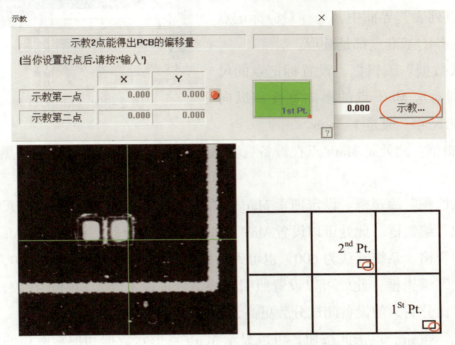

图 2-37 "示教"界面

(9)"基准标记"按钮

基准点(又称标记点、Mark 点、马克点)是设备对 PCB 进行准确定位的标记点,功能和考试时使用的机读卡上的黑色定位块类似,是准确贴装元器件的重要依据。点击此按钮可进入如图 2-38 所示的"基准点位置"界面。

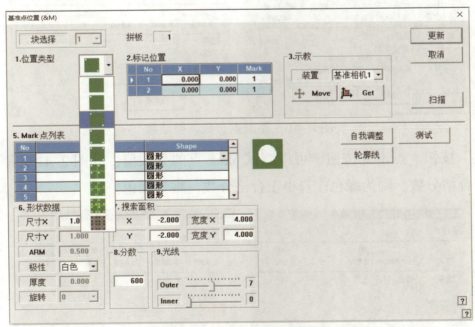

图 2-38 "基准点位置"界面

① "1. 位置类型"编辑框。在此处选择需要的基准点位置类型,如 2 点斜对角型基准点。
② "2. 标记位置"编辑框。设置位置类型后,系统自动匹配对应数量的标记点。

③"5.Mark 点列表"编辑框。在如图 2-39 所示的"Mark 点列表"界面中,选择对应标记点的形状,如本任务的基准点都是圆形。

④"6.形状数据"编辑框。设置标记点的尺寸,X 和 Y 分别对应 Mark 点的横向宽度和纵向宽度。Mark 点的尺寸一般是 1~3mm。

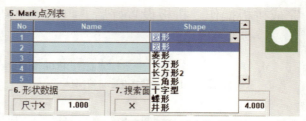

图 2-39 "Mark 点列表"界面

"极性"编辑框:此处是 Mark 点在设备视觉系统中显示的颜色,有白色和黑色,根据实际显示情况选择。

⑤"7.搜索面积"编辑框。设定搜索 Mark 点的区域面积,一般是 Mark 点尺寸的 2~4 倍。

⑥"8.分数"编辑框。此处可以设置 Mark 点识别的合格分数,设备测试 Mark 点的识别分数,达到此值即合格。系统默认为 600,也可人为修改此数据,一般不超过 800,不低于 300。

⑦"9.光线"编辑框。此处可以设置照明光线,合理设置外光和内光参数,让 Mark 点图像清晰、黑白对比分明,使设备测试分数更高,更容易通过。

⑧"轮廓线"按钮。点击此按钮,可以显示 Mark 点形状数据和搜索面积的轮廓,可以对比查看和真实图像的差距,便于修改数据形状数据和搜索面积。

⑨"自我调整"按钮。点击此按钮,设备自动校正形状数据,并显示结果。如图 2-40 所示的自我调整结果所示,若通过则为绿色,若不通过则为红色。

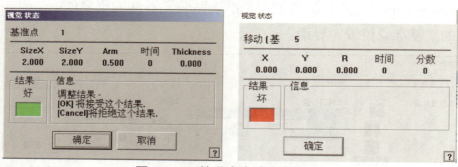

图 2-40 基准点自我调整结果

⑩"测试"按钮。点击此按钮,可以测试 Mark 点的分数值,如图 2-41 的测试结果所示,若分数值大于合格分数,则为绿色;若小于合格分数,则为红色。

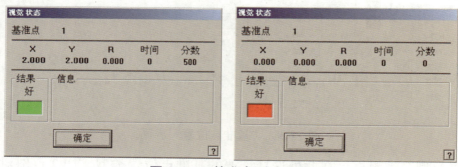

图 2-41 基准点测试结果

⑪获取 Mark 点坐标。设置好一个 Mark 点后，在"2.标记位置"编辑框用鼠标点击第一行的"X"或"Y"坐标，再点击"3.示教"中的"Get"按钮即可获取改 Mark 点的坐标。

⑫重复上述步骤，完成剩余 Mark 点的设置。

⑬"扫描"按钮。点击此按钮可以对所有 Mark 点进行扫描测试，如图 2-42 所示的扫描结果和误差。其中的 Diff X 和 Diff Y 是坐标值的误差，一般重复扫描操作，使误差值均小于 0.005 为好。

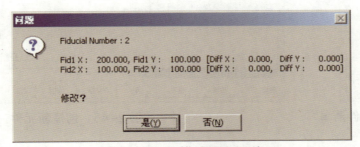

图 2-42 扫描结果和误差

3. 工作元件登记

电子产品生产过程中需要不同类型的元件，都需要登记在贴片程序中。元件登记可直接使用设备元件库中已有的元件，也可以根据需要登记新的元件。选择"F3 元件"菜单，进入如图 2-43 所示的"元器件"界面。"1.PCB 元件清单"编辑框：显示已经登记元件清单，还可以在这里登记需要使用的元件。"2.元件库"编辑框：显示已登记元件的信息。

图 2-43 "元器件"界面

（1）使用设备元件库中已有的元件

①在如图 2-44 所示的"元件组/元件清单"下拉列表中，可以选择需要的元件组。如选择 Chip-R1608（0603），即为 0603 型的片式电阻。

②选择对应的元件封装类型，如图 2-45 所示的"元器件"界面中的"NewR1608"，单击 按钮，对新元件命名，如"0 OHM R1608（0603）NORMAL"，可以将元件信息复制到"1.PCB 元件清单"领域。

图 2-44 "元件组 / 元件清单"下拉列表

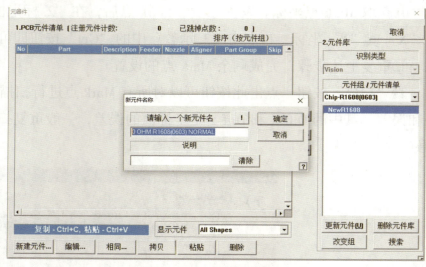

图 2-45 创建新元件

（2）登记新元件

当元件库里没有需要的元件或不想使用元件库里的元件，就可以选择登记新元件。单击左下角的"新建元件"，进入新建元件界面。图 2-46 所示是新建元件"20 OHM 5% SER ± 5% 0603"的参数编辑样例。

① "1. 元件名"编辑框。输入元件名：20 OHM 5% SER ± 5% 0603。

② "3. 封装组"编辑框。选择封装组：Chip-R1608（0603），封装类型：NewR1608。

③ "5. 元件数据"编辑框。输入元件尺寸大小 X：1.600、Y：0.800、厚度：0.450。

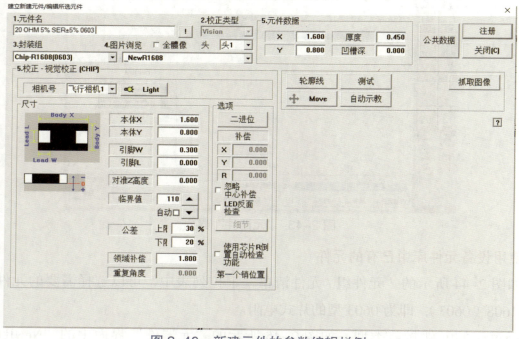

图 2-46 新建元件的参数编辑样例

④ "公共数据"按钮。点击此按钮,进入"6.公共数据"设置界面,如图2-47所示。

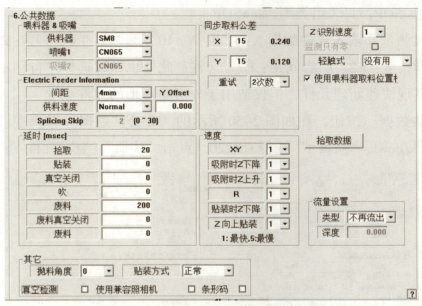

图2-47 元件"6.公共数据"界面

A. "供料器"编辑框。选择对应供料器,如SM8。

B. "喷嘴1"编辑框。选择对应的吸嘴,如CN065。

C. "重试"编辑框。一般修改为2次数,超过2次数没吸取到元件,设备就会报警。

D. "真空检测"复选框。取消勾选,以免设备频繁报警。

⑤ "注册"按钮。点击此按钮,登记元件。

(3) 登记新的异型元件

生产中往往会遇到封装组里没有现成封装的异型元件。此时需要根据元件特征登记新的异型元件,如图2-48所示的元件为本任务的U3元件"MCU SOP20 SUNPLUS L"。

① 点击左下角"新建元件",进入新建元件界面,并按如图2-49所示输入元件参数。

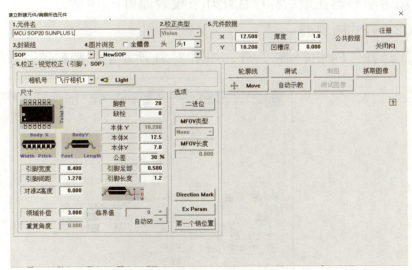

图2-48 U3元件"MCU SOP20 SUNPLUS L"

图2-49 异型元件参数编辑样例

②输入元件名：MCU SOP20 SUNPLUS L。

③选择封装组：SOP，封装组类型：NewSOP。

④用游标卡尺测量并输入元件数据 X：12.5、Y：10.2、厚度：1.8、脚数：20、本体 X：12.5、本体 Y：7.8、引脚长度：1.2、引脚间距：1.27。（注：此处也可以选择"自动示教"对元件外形进行识别，从而实现快速新建元件，但仅适用于外形是矩形的元件。）

⑤点击"公共数据"按钮，在如图 2-50 所示的"6.公共数据"界面中"供料器"选择杆式振动供料器 Stick/Bowl，"喷嘴 1"选择 CN220，点击"注册"，登记元件。

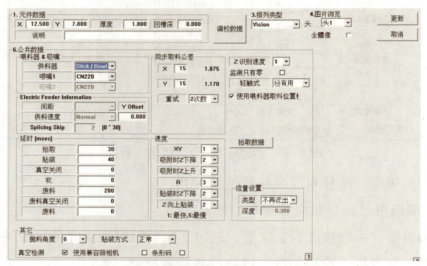

图 2-50 异型元件公共数据编辑样例

⑥以此类推，可以新建其他异型元件，如"BGA""QFN100pin"。

4. 喂料器程序的编写

喂料器程序的编写实质是对需要使用的各类喂料器进行登记的过程。

（1）编带喂料器

编带喂料器在最后程序优化环节设置即可。

（2）杆式喂料器

①选择"F4 供料器"，进入如图 2-51 所示的"喂料器"设置界面，选择"杆式"。

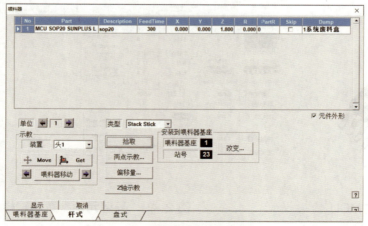

图 2-51 杆式喂料器设置界面

②"类型"编辑框。选择"Stack Stick",点击"改变"按钮,选择"喂料器基座"为"1","站号"为"23"。

③"Part"(元件)编辑框。选择"MCU SOP20 SUNPLUS L"。

④"示教"编辑框。定位元件中心位置并获取元件坐标,在"装置"中选择"头1",点击"拾取",做手动拾取元件测试。

(3) 盘式喂料器

①在"系统设置"菜单中选择"外围设备"子菜单,进入外围设备设置界面,再选择"多盘式喂料器"进入图2-52所示的"多盘式喂料器"的设置界面。

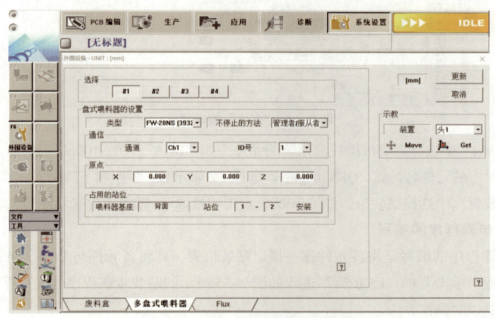

图2-52 "多盘式喂料器"的设置界面

②在"选择"中设置站位,此处用"#1"站位(最多可以放4个托盘),在"类型"中选择"FW-20NS(393227)",在"通道"中选择"Ch1",在"ID"中选择"1",在"原点"中指定托盘的基准点。

③在"占用的站位"中点击"安装",弹出如图2-53所示的"安装到喂料器坐"窗口,在其中选择"喂料器基座"为"背面","站位"为"1~2",点击"确定"。

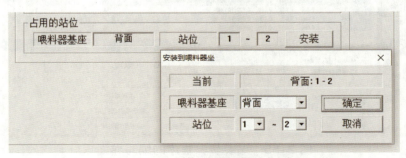

图2-53 "安装到喂料器坐"窗口

④选择"F4供料器"中的"盘式"菜单,进入如图2-54所示的"盘式"编辑菜单。

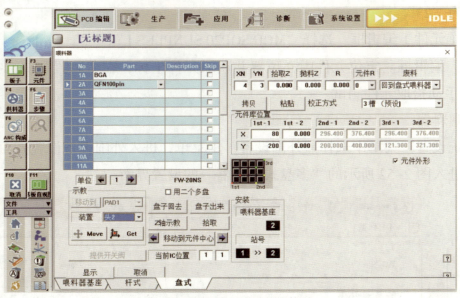

图2-54 "盘式"编辑菜单

⑤在"Part"中选择需要借助托盘贴装的元件,如"BGA""QFN100pin"。

⑥选择对应的元件名,如"QFN100pin",选择"Z轴示教"使吸嘴下降到实际元件的高度。

⑦在"装置"中选择贴装头,如"头2",点击"拾取",做手动拾取元件测试。

5. 贴装步骤程序的编写

贴装步骤程序的编写是将各元件逐一指定贴装位置,即将各元件与PCB上的每个位号逐一对应的过程。单击菜单"F5步骤"进入如图2-55所示的贴装步骤程序的编写界面。在此以本次任务为例说明操作方法。

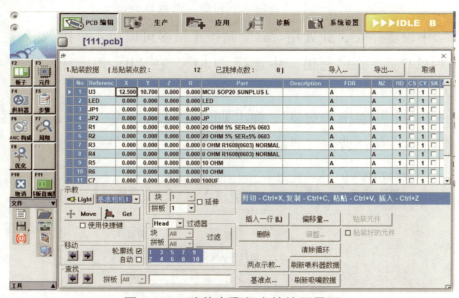

图2-55 贴装步骤程序的编写界面

①在每行的"Reference"中输入位置名称:U3、LED、JP1、JP2、R1、R2、R3、R4、R5、R6、C7、C12、C14、C8、C9、C22、C10、C11、C13、C16。

②在"Part"中选择新建的元件,与BOM表(物料清单)一一对应。

③在"示教"中选择"基准相机1",对每个元件进行定位示教,获取坐标。注意元件的角度R,要根据具体的位号,进行设置贴装角度,逆时针为正方向。

6. 配置吸嘴

完成上述操作后,需要根据当前贴片程序中吸嘴的配置,来配置实际的吸嘴。点击"工具"菜单中的"ANC"(Auto Nozzle Controller,吸嘴自动控制器)子菜单,进入如图2-56所示的"系统ANC管理"界面。

不同的吸嘴配置信息会在右下角显示,且不同的会以黄色标记,如图2-57所示为不同的ANC信息显示状态。

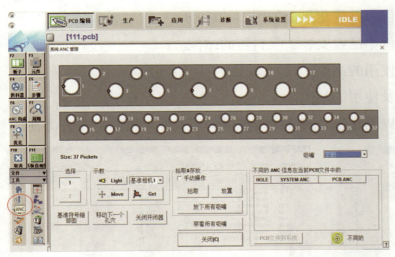

图2-56 "系统ANC管理"界面

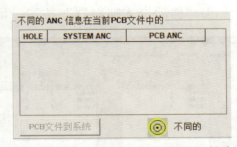

图2-57 不同的ANC信息显示状态

7. 优化程序

程序编写完成之后,还可以利用系统自带的优化器Optimizer对程序进行优化。贴装点少的简单的程序可以默认系统设置直接优化。优化程序可以计算贴装点及拾取位置以便提高设备作业的生产性,自动生成喂料器配置及贴装点贴装顺序以便提高生产效率。优化程序主要考虑供料器、吸嘴、供料站、生产参数等方面,具体如下所示。

(1) Feeder(喂料器)菜单

进行与Feeder安装有关的优化作业,Feeder优化界面如图2-58所示。

①"喂料器安排"栏。显示创建PCB时登记的喂料器。

②"喂料器总数"栏。显示登记在PCB程序文件中各元件的贴装点数。

③"Component"栏。显示各元件名称。

图2-58 Feeder优化界面

④ "Point"栏。显示相应元件的贴装点数。

⑤ "ARG"栏。显示喂料器区段上事先设置的喂料器数量。

⑥ "AVL"栏。显示可以使用的喂料器数量。

⑦ "LIM"栏。限制相应元件可安装的喂料器的最大数量。

⑧ "设置"编辑框：设置限制 LIM 的数量。

（2）Nozzle（吸嘴）菜单

可以优化吸嘴的使用数量及吸嘴位置。吸嘴优化界面如图 2-59 所示。

"需要吸嘴"栏显示程序中所使用的吸嘴类型及各吸嘴的使用次数。

（3）FeederLane（供料站）菜单

可以优化拟安装喂料器的站位。供料站优化界面如图 2-60 所示。

① "当前安排"栏。显示程序文件中已经安装了喂料器的站位。

② "有效的"栏。显示可以安装使用的站位。

③ "禁止"栏。显示不可以安装及使用的站位。

④ "移动带式喂料器"按钮。可以删除已经安装的带式供料器，并设置新的安装位置。

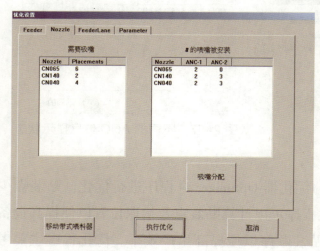

图 2-59　吸嘴优化界面

图 2-60　供料站优化界面

（4）Parameter 菜单

设置其他优化参数。其他参数优化界面如图 2-61 所示。

① "头"勾选框。选择是否使用相应的贴装头。

② "深度搜索"编辑框。设置优化时的计算时间。一般贴装点数较少时选择"快的"优化，400 个贴装点以上时选择"深度"优化。如本任务的贴装点数较少，因此选择"快的"。

③ "时间（秒）"编辑框。设置优化时适用的实际时间。

（5）执行优化

设置优化参数后，点击"执行优化"按钮，得到优化结果如图 2-62 所示。优化结果会显示总元件数、总的贴装点数、总的贴装时间等信息。若对结果满意，可以选择"Accept"（接受）；若对结果不满意，则选择"Reject"（拒绝），调整程序或优化参数后重新优化。优化后，会生成一个后缀为".OPT"文件，在生产时直接调用此优化程序即可。

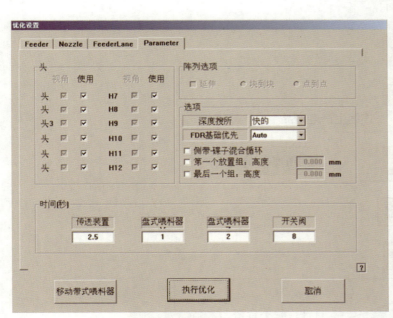

图 2-61　其他参数优化界面

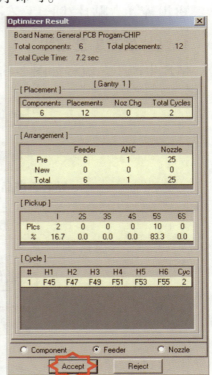

图 2-62　优化结果

 **任务三　鼠标电路板贴片生产**

一、学习目标

1. 掌握贴片生产工艺流程，能正确、规范地调用程序进行贴片生产。
2. 掌握贴片生产工艺标准，能正确检查贴片产品是否合格。
3. 掌握贴片生产缺陷常见的原因和解决方法，能正确判断常见贴片生产缺陷产生的原因并用正确的方法解决问题。
4. 能够强化安全、守纪意识，严谨而规范地完成贴片机操作。

二、任务描述

1. 调用任务二的鼠标电路板贴片程序进行贴片生产，完成首件检查。
2. 已知老师设置了程序或设备故障，请分组观察各组的生产缺陷产品，分析缺陷产生的原因，排除故障后，生产得到 5 块 PCB 贴装合格产品。

三、任务知识库

知识库 1　贴片生产工艺流程和工艺标准

1. 贴片生产工艺流程

贴片生产工艺流程如图 2-63 所示。

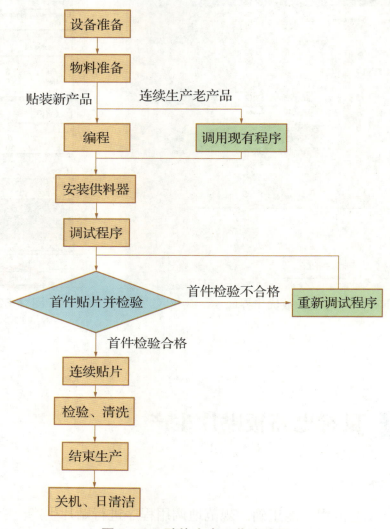

图 2-63　贴片生产工艺流程图

2. 贴片生产工艺标准

①元件无漏件。每个应贴装的焊盘都贴有元件。

②元件无错件。元件和电路板位号对应准确。

③元件无偏位。元件贴装位置和角度正确（偏位不超过 10%）。

④元件无侧翻。元件位置端正，无侧倒或翻转。

⑤元件无损坏。元件完好。

知识库 2　贴片生产常见缺陷的主要原因及解决办法

贴片生产常见缺陷类型、主要原因及解决办法如表 2-6 所示，在贴片生产过程中，可以依据此表逐一排查常见缺陷并解决问题。

表 2-6 贴片生产常见缺陷类型、主要原因及解决办法

常见缺陷类型	主要原因	解决办法
错件	供料器上料错误	重新上料
	供料器安装站位错误	重新安装供料器
	PCB 放置方向错误	调整 PCB 放置方向
	贴片程序定位错位	修正程序
漏件	供料器送料不到位	重新安装供料器
	吸嘴的气路堵塞	疏通吸嘴
	吸嘴损坏	更换吸嘴
	贴装头的贴装高度不正确	调整贴装高度
	贴片机真空气路堵塞	疏通贴片机气路
	PCB 变形	调整 PCB 传送轨道宽度、合理布置顶针
	PCB 焊锡膏过少，元件粘连不稳	改良锡膏印刷质量
	同一型号元件厚度不一致	更换合格元件产品
	贴片编程错误，如遗漏、元件厚度设置不正确	修正程序
	人为操作不当，将元件碰掉	仔细、规范操作
元件偏位	编程时贴装定位坐标不准确	修正程序的贴装坐标
	吸嘴选择不合适，吸取不稳	更改为合适大小的吸嘴
	基准点定位不准确	修正基准点标记定位
	PCB 下方未放置顶针，导致 PCB 塌陷	在 PCB 下方合理放置顶针
	人为操作不当，碰到元件	谨慎操作
元件侧翻	供料器送料不到位	重新安装供料器
	贴装头的贴装高度不正确	调整贴装高度
	元件编带的带孔的尺寸过大，振动导致元件侧翻	更换合格的料盘
	人为操作不当，碰到元件	谨慎操作
元件损坏	贴装头的弹簧被卡死	维修贴装头
	贴片编程时，元件的 Z 轴数据不正确	修正程序
	PCB 的顶针过高，过度顶压 PCB，使元件贴装时被挤压损坏	调节顶针高度

任务四 维护贴片机

一、学习目标

1. 熟悉贴片机常用维护工具，能正确、规范地使用维护工具。
2. 掌握贴片机维护内容和方法，能熟练地进行贴片机维护。
3. 能够积极沟通、团结协作、圆满完成贴片机维护任务。

二、任务描述

准备维护工具，完成一次贴片机的日常保养和月维护。

三、任务知识库

为了保证生产连续性和生产效率，必须对贴片机进行良好的维护。贴片机的维护包括日常检验、清洁，周保养，月保养，以及异常处理。

知识库1 贴片机常用维护工具和材料

贴片机常用维护工具和材料如图2-64所示，除了常用的螺丝刀、万用表等电工工具，还包括气压枪、无尘布、毛刷、清洁剂、润滑油、无水乙醇等。

图2-64 贴片机常用维护工具和材料

①气压枪。可利用强力气压清洁灰尘，疏通吸嘴等。

②无尘布。可擦拭灰尘、污渍而不留杂尘。

③毛刷。可用于清扫设备内部的杂物、掉落的元器件等。

④清洁剂。WD-40清洁剂是金属制品多用途保养剂，集防锈、除湿、除锈、润滑、清洁、

电导等功能，能解决金属制品的各类日常养护问题。

⑤润滑油。可对机械运动部分起润滑保护作用。

⑥无水乙醇。又称工业酒精或洗板水，可用于清洁散落锡膏、油污等。

知识库2　贴片机的维护方法

1. 贴片机的日常维护

①吸嘴。

A. 检查吸嘴的终端有无因受冲击而发生的变形或偏磨损。

B. 检查吸嘴的内部有无异物堵塞。若有堵塞，则用专用清洁剂或无水乙醇注入吸嘴孔内，用气枪将其吹干净；用碎布蘸适量清洁剂，清洁吸嘴周边异物。

C. 用手按下吸嘴，是否感觉很紧。若感觉很紧，则为吸嘴加注清洁剂和润滑油。

吸嘴结构拆解

维护吸嘴

②喂料器。肉眼检查供料器料站上有无碎片或异物。若发现异物，则用小毛刷清扫异物，并用气压枪吹去灰尘。

③用无尘布擦去设备表面的灰尘和污渍。

2. 贴片机的周维护

①吸嘴座。检查吸嘴座是否弯曲，若发现弯曲，则停止驱动装备，尽可能地向前移动贴装头，用扳手将受损的吸嘴座卸下并更换。

②飞行相机。检查飞行相机上是否有异物，若发现异物，则停止驱动装备，尽可能地向前移动贴装头，把镜子提上，使用无尘清洁布清洁镜片上的灰尘杂物。

3. 贴片机的月维护

①吸嘴座管。更换吸嘴时可能安装不良，要经常检查吸嘴座管，避免破损。若吸嘴座管损坏，更换吸嘴座管时，需关闭空压设备，避免影响贴装头的功能。

②真空过滤器。过滤器易被空气中的灰尘及焊锡膏污染，会影响到真空的产生，因此要检查过滤器是否污染，必要时更换过滤器。

③传送轨道。

A. 检查传送带的张力是否太松或太紧，应调节张力至合适状态。

B. 检查传送带是否发生异常磨损、传送带在运行中是否偏移和滑掉，应调节传送轨道至平稳、正常运行状态。

④PCB感应器。定期检查感应器是否被污染、感应器的灵敏度是否适当、感应器的感应动作是否正常。若有灰尘，则用无尘布擦拭去除灰尘，若灵敏度过高或过低，应调节灵敏度至合适状态。

⑤空压检查。检查供给空压是否处于设定压力范围内（0.45~0.55MPa），转动旋钮可调节压力值（逆时针旋转空气压力减小，顺时针旋转空气压力增大）。

⑥清洁。用无尘纸蘸无水乙醇擦拭设备内外灰尘，使用清洁剂（如WD-40）清洁设备内外油污、残留物。

⑦润滑。用润滑油给吸嘴、电动机传动丝杠等机械机构加润滑油，并用无尘纸擦去多余的润滑油。

⑧贴装头空气滤芯。空气滤芯过滤进入吸嘴的空气杂质，保证贴装质量。贴装头空气滤芯的结构如图2-65所示。取滤芯时，必须先停机，以免损坏设备；更换滤芯棉时，注意方向，实心一端朝下。

图2-65 贴装头空气滤芯的结构

维护清洁空气滤芯

维护贴装头气路

项目三 回流焊机的操作与维护

 **知识树**

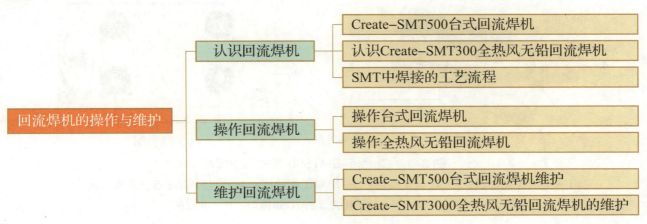

 **认识回流焊机**

一、学习目标

1. 掌握回流焊机的工作原理。
2. 掌握回流焊机的结构和组成。
3. 能读懂回流焊机技术参数。
4. 养成仔细核对、精准设备的职业习惯。

二、任务描述

到生产性实训车间认识回流焊机，观察回流焊机工作过程，实施任务，完成工作原理分析、结构组成剖析、技术参数配置等。

三、任务知识库

知识库1 Create-SMT500 台式回流焊机

1. Create-SMT500 台式回流焊机部件结构介绍

Create-SMT500 台式回流焊机是一款微型化回流焊机,如图 3-1 所示。它具有简单、友好的人机对话界面,240×128 LCD 显示屏,能显示中文菜单和实时升温曲线,能进行温度、时间等多种参数的设置,并具有掉电保护功能,可完成 0402、0603、0805、1206、PLCC、SOJ、SOT、SOP/SSOP/TSSOP、QFP/MQFP/LQFP/TQFP/HQFP 等多种表面贴装元件的单双面印制电路板的焊接。广泛适用于各类企业、学校、公司、院所研发及小批量生产等场合。

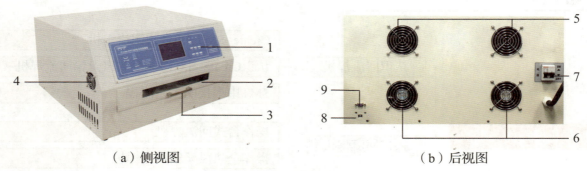

图 3-1 Create-SMT500 台式回流焊机

1—主机控制面板;2—玻璃观察窗;3—送料工作抽屉;4—散热风扇;5—进风风扇;
6—排风风扇;7—电源开关;8—USB接口;9—串行接口

2. Create-SMT500 台式回流焊机功能说明

①主机控制面板。用于设备工艺流程控制、工艺参数设置及工作状态显示。

②玻璃观察窗。方便在焊接过程中实时观察设备工作状态。

③送料工作抽屉。手动控制进仓、出仓,用于送料、取料。

④散热风扇。对电气元件以及控制面板区域散热。

⑤进风风扇/排风风扇。用于焊接仓降温,速度可调。

⑥电源开关。设备总电源开关。

⑦USB 接口。与 PC 机建立联机接口。

⑧串行接口。与 PC 机建立联机接口。

3. Create-SMT500 台式回流焊机使用注意要点

①本机为满足无铅双面焊接,设有独特的风道,焊接时 PCB 的上面和下面温度差异较大,可保证焊上面的元件时,下面的贴片不脱落。

②为保证小板的焊接要求,建议焊接小板和 BGA 植锡球时,在料抽底部预放一块 10cm×10cm 的 PCB,可以使焊接质量更好。

③环境温度较低、潮气或湿度太大时,建议焊接前要预热一下机器。操作方法是:选好焊接曲线后,空机自动回焊一次。

④本机不能焊接反光性太强的金属封装芯片和金属屏蔽罩；不可以焊接承受温度低于250℃的塑料插件和物品，使用时应特别注意。

⑤检测机器温度，采用标准温度计，将外置温度探头固定在10cm×10cm的PCB正面，一定要紧密贴在PCB的正上面，将固定有测温探头的PCB，放入料抽，推入机器内，这样测试的温度比较符合产品生产实际情况。

知识库 2 认识 Create-SMT3000 全热风无铅回流焊机

现场参观 Create-SMT3000 全热风无铅回流焊机，如图 3-2 所示，对照实物讲解机器结构，并熟悉各操作按钮。主要技术参数如表 3-1 所示。

PCB 定位调试视频

图 3-2 Create-SMT3000 全热风无铅回流焊机

表 3-1 Create-SMT3000 全热风无铅回流焊机技术参数

项　目		技术参数
传送部分	传送方式	网带传送
	最大 PCB 宽度	350mm
	传输带高度	880mm ± 20mm
	传送方向	左→右
	传送速度	0~1500mm/min
发热系统	发热器件	特制专用台展发热丝，热效率高
	内胆结构	采用特殊结构内胆，保温效果佳，热损耗小。适合于无铅工艺
	加热区长度	2880mm
	加热区数量	上：8 zones，下：8 zones
控制系统	控制方式	采用三菱专用回流焊 PLC+ 电脑控制，稳定、可靠
	测温方式	进口热电偶检测系统，自动冷端补偿
	电源	五线三相 AC 380V 60A
	启动功率	34kW
	正常工作消耗功率	约 7.5kW
	升温时间	约 20min
	温度控制范围	室温 ~310℃

续表

项　目		技术参数
控制系统	温度控制方式	三菱温控模块配合进口 SSR 驱动系统，采用 PID 控制方式，温度均匀
	温度控制精度	±1℃
	PCB 温度分布偏差	±2℃
	异常警报	温度异常（恒温后超高温）
运风系统	运风方式	采用特殊循环运风方式，温区独立运风，使每温区温度均匀，无阴影区
	热风马达	采用 SCROCO 专用耐高温热风马达，稳定耐用
	表面处理	表面喷塑处理
	隔热部分	专用隔热材料，表面温度趋近室温
		内胆密闭，减小热振耗，提高利用率
	保护系统	声光超温报警装置
		UPS 备用电源，停电后，PCB 可以安全输出炉外，不损坏 PCB，保存计算机数据不丢失
软件系统	操作系统	Windows XP
	操作界面	菜单操作界面操作简单，快捷
	储存记忆	各种 PCB 参数设定可储存，调节不同型号的 PCB 参数
	参数显示	温区温度，热风速率与运行速度的设定值及实际值均有显示；动态柱状动画效果显示各温区升温状态，直观易懂
冷却系统	制冷方式	强制风冷
	冷却区数量	2
机体参数	外形尺寸	L 4250mm × W 750mm × H 1290mm
	重量	700kg

知识库 3　SMT 中焊接的工艺流程

1. SMT 的两种基本工艺流程

SMT 工艺有两种最基本的工艺流程式，一种是锡膏回流焊工艺，另一种是贴片波峰焊工艺。在实际生产过程中，可以根据所用元器件、生产设备和产品的需求等实际情况采用单个工艺流程或者重复、混合使用。

①锡膏回流焊工艺流程如图 3-3 所示。这类工艺流程具有简单、快捷和促进产品体积减小的特点。

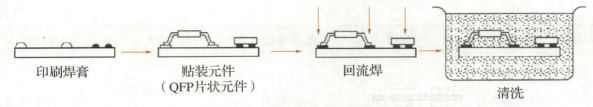

图 3-3　锡膏回流焊工艺流程

②贴片波峰焊工艺流程如图 3-4 所示。这类工艺流程由于利用了双面空间，故电子产品的体积可以进一步减小。而且，仍可使用通孔元件，使其成本降低。但是，这类工艺流程对设备的要求增多，波峰焊工艺中缺陷也较多，难以实现高密度组装。

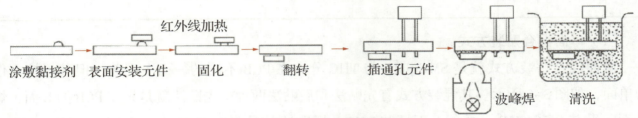

图 3-4　贴片波峰焊工艺流程

③两种工艺的混合。如果将上述两种工艺流程混合与重复，则可以演变成多种工艺流程供电子产品组装之用，如混合安装。

2. SMT 的元器件安装方式

SMT 的元器件安装方式根据表面组装件类型、使用元器件种类和组装设备的不同，可以分为单面/双面表面贴装、单面混合贴装、双面混合贴装 3 种类型，共 6 种组装方式，如表 3-2 所示。

表 3-2　表面组装组件的组装方式

组装方式		示意图	电路基板	焊接方式	特征
单面/双面表面贴装	单面表面贴装		单面 PCB 陶瓷基板	单面回流焊	工艺简单，适用于小型、薄型化的电路组装
	双面表面贴装		双面 PCB 陶瓷基板	双面回流焊	高密度组装，薄型化
单面混合贴装	SMD 和 THC 都在 A 面		双面 PCB	先 A 面回流焊，后 B 面波峰焊	先贴后插，工艺简单，组装密度低
	THC 在 A 面，SMD 在 B 面		单面 PCB	B 面波峰焊	先插后贴，工艺较复杂，组装密度高

续表

组装方式		示意图	电路基板	焊接方式	特征
双面混合贴装	THC 在 A 面，A、B 两面都有 SMD		双面 PCB	先 A 面回流焊，后 B 面波峰焊	适合高密度组装
	A、B 两面都有 SMD 和 THC		双面 PCB	先 A 面回流焊，后 B 面波峰焊，B 面插装件后附	工艺复杂，很少采用

（1）单面混合贴装方式

单面混合贴装方式就是 SMC/SMD 与 THC 分布在 PCB 不同的一面上混装，但其焊接面仅为单面，如图 3-5 所示。其混装方式有先贴法和后贴法两种。先贴法就是先在 PCB 的 B 面（焊接面）贴装 SMC/SMD，再在 A 面插装 THC。后贴法就是先在 PCB 的 A 面插装 THC，再在 B 面贴装 SMC/SMD。

图 3-5　单面混合贴装图

（2）双面混合贴装方式

双面混合贴装方式就是 SMC/SMD 和 THC 可混合分布在 PCB 的同一面，SMC/SMD 也可以分布在 PCB 的双面。此类组装常用两种组装方式。

① SMC/SMD 和 THC 同在 PCB 的一侧，如图 3-6（a）所示。

② SMC/SMD 和 THC 在 PCB 不同侧。即 THC 和表面组装集成芯片在 PCB 的 A 面，而小外形晶体管和 SMC 在 PCB 的 B 面，如图 3-6（b）所示。

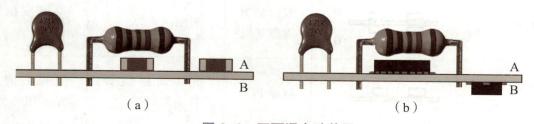

（a）　　　　　　　　　　　（b）

图 3-6　双面混合贴装图

双面混合贴装工艺流程如图 3-7 所示。

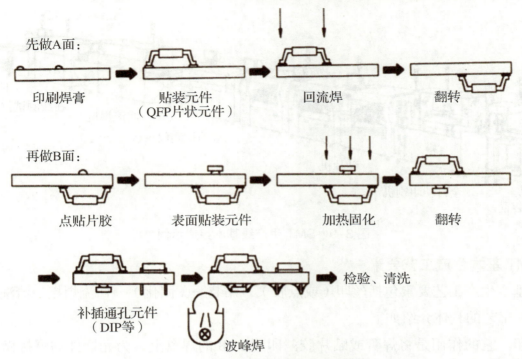

图 3-7 双面混合贴装工艺流程

（3）单面 / 双面表面贴装方式

单面 / 双面表面贴装方式就是在 PCB 上只有 SMC/SMD 没有 THC。但因为目前部分元器件还没有完全实现 SMT 化，这种组装方式在实际应用中并不多。这一类组装方式有两种：单面表面贴装方式和双面表面贴装方式。

双面表面贴装工艺流程如图 3-8 所示。

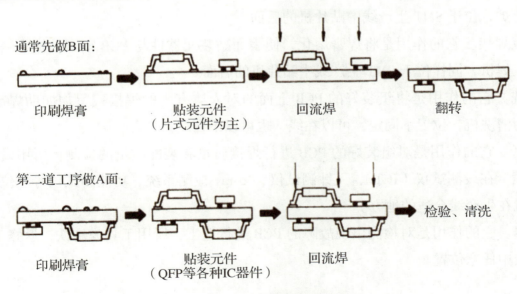

图 3-8 双面表面贴装工艺流程

3. SMT 生产系统的基本组成

SMT 生产系统包括表面涂敷设备、贴片机、焊接机、清洗机、测试设备等，习惯上称为 SMT 生产线，如图 3-9 所示。

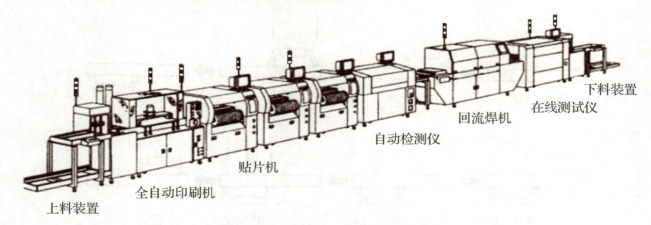

图 3-9　SMT 生产线基本组成示例

4. SMT 基本生产工艺要素

SMT 基本生产工艺要素包括丝印（或点胶）→贴装→（固化）→回流焊接→清洗→检测→返修。每个工艺的具体介绍如下。

①丝印。它的作用是将焊膏或贴片胶漏印到 PCB 的焊盘上，为元器件的焊接做准备，所用设备为丝印机，位于 SMT 生产线的最前端。

②点胶。即将胶水滴到 PCB 的指定位置上，它的主要作用是将元器件固定到 PCB 上，所用设备为点胶机，位于 SMT 生产线的最前端或者检测设备后面。

③贴装。它的作用是将表面贴装元器件准确安装到 PCB 的指定位置上，所用设备为贴片机，位于 SMT 生产线中丝印机的后面。

④固化。它的作用是将贴片胶熔化，使表面贴装元器件与 PCB 牢固的粘接在一起。所用设备为固化炉，位于 SMT 生产线中贴片机的后面。

⑤回流焊接。它的作用是将焊膏熔化，使表面贴装元器件与 PCB 牢固粘接在一起。所用设备为回流焊机，同样位于 SMT 生产线中贴片机的后面。

⑥清洗。它的作用是将组装好的 PCB 上面的对人体有害的焊接残留物如助焊剂等除去。所用设备为清洗机，位置不固定，可以在线，也可以不在线。

⑦检测。它的作用是对组装好的 PCB 进行焊接质量和装配质量的检测。所用设备有放大镜、显微镜、在线测试仪（ICT）、飞针测试仪、X-ray 检测系统、功能测试仪等。位置可以根据需要配置在生产线合适的地方。

⑧返修。它的作用是对检测出现故障的 PCB 进行返工，所用工具为烙铁、返修工作站等，可在生产线中任意位置。

任务二 操作回流焊机

一、学习目标

1. 能正确开关回流焊机。
2. 会设置回流焊机温度曲线。
3. 会首板确认、批量生产。
4. 强化质量、成本、安全、环保意识。

二、任务描述

到生产性实训车间，按照生产工艺流程进行回流焊机操作，完成回流焊机开机与检查、温度曲线设置、生产任务。

三、任务知识库

知识库 1　操作台式回流焊机

1. Create-SMT500 台式回流焊机按键功能说明

（1）焊接操作键

在送料盘回位后，按下"焊接"键，即按照选定焊接方式进入自动焊接过程。

按"停止"键终止当前操作，如停止焊接等。

（2）设置键

①按"设置"键，进入参数设置功能选项，再次按键则退出。

②按"▲"/"▼"键，在设置参数时用于选择子功能选项或修改参数（顺序或数值加/减）。

③按"确定"键，进入所选的子功能选项或参数确认。

④按"取消"键，退出到上一级功能选项或取消参数的修改。

2. Create-SMT500 台式回流焊机常规焊接操作说明

（1）选用已设置好的参数组焊接

按"设置"键，进入参数设置功能选项，通过"▲"/"▼"键，选中"常规焊接"，如图 3-10 所示。

再按"确定"键，进入子功能选项，通过"▲"/"▼"选择一组参数，如图 3-11 所示。

图 3-10　"常规焊接"选择图

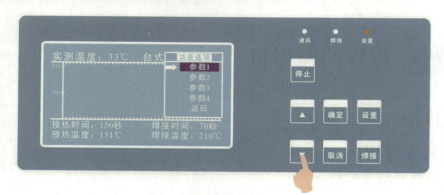

图 3-11 焊接参数选择图

按"确定"键即选中,再按"焊接"即设备按照该参数组参数进行焊接。

(2)重新设置常规焊接参数

常规焊接参数包括预热时间、预热温度、焊接时间、焊接温度。设置方法如下。

按"设置"键,进入参数设置功能选项,通过"▲"/"▼"键,选中"焊接设置",如图 3-12 所示。

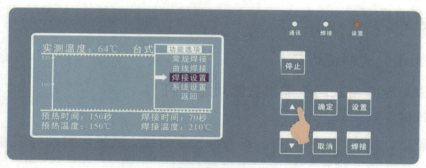

图 3-12 "焊接设置"选择图

按"确定"键,进入子功能选项,再通过"▲"/"▼"选择需重设的参数(如预热温度、预热时间、焊接温度、焊接时间),如图 3-13 所示。

图 3-13 焊接子功能项设置图

按"确定"键,再通过"▲"/"▼"修改具体值,如图 3-14 所示。

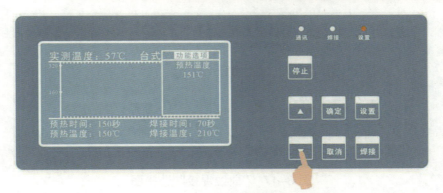

图 3-14　具体值修改图

修改完毕按"确定"键，再通过"▲"/"▼"来选择"返回"或"保存参数"，若选择"返回"，则保存为当前焊接参数，掉电后会丢失；若选择"保存参数"，按"确定"键，则进入"保存参数"子功能选项，如图 3-15 所示。

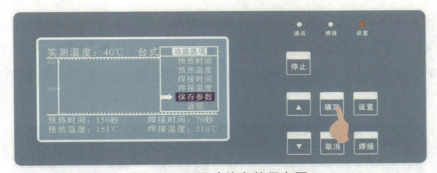

图 3-15　子功能参数保存图

通过"▲"/"▼"键选择参数组别，再按"确定"键即将当前设置参数保存在此组并返回上一级菜单，如图 3-16 所示，此时该组参数已保存到常规焊接参数组中，掉电后不会丢失。

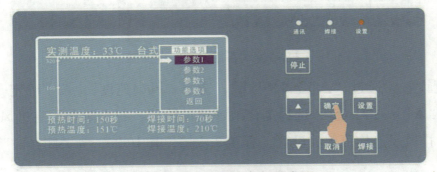

图 3-16　当前设置参数保存图

3. Create-SMT500 台式回流焊机虚拟曲线焊接操作说明

虚拟曲线焊接是指采用按预定的时间间隔逐点控制温度的焊接方法，注意：这里的控制温度曲线与所需的焊接温度曲线不一定相同，但存在一个对应关系。选用方法如下。

按"设置"键，再通过"▲"/"▼"键，选中"曲线焊接"，按"确定"键进入选择曲线，如图 3-17 所示。

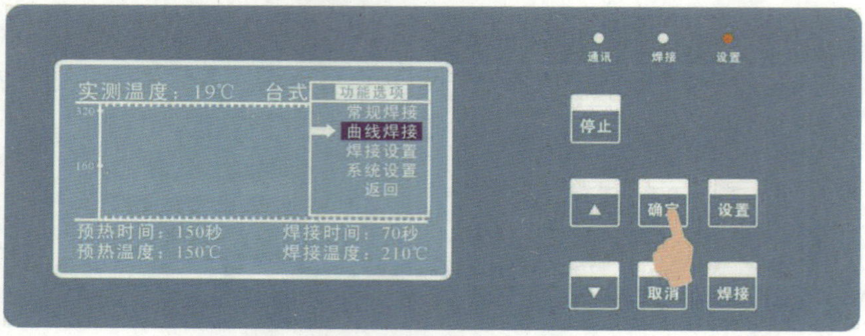

图 3-17 "曲线焊接"选择图

通过"▲"/"▼"键选择一组曲线,按"确定"键后,再按"焊接"键即开始按照选定曲线参数进行焊接。

本机可预存 4 条自定义的控制温度曲线供用户根据特殊的工艺要求进行焊接。若有需要,还可以通过上位机软件重新设置虚拟曲线。

4. Create-SMT500 台式回流焊机系统参数设置

按"设置"键,进入参数设置功能选项,通过"▲"/"▼"键,选中"系统设置",如图 3-18 所示。按"确定"键,进入系统参数设置子功能选项。系统参数包括风扇速度、声音报警、温度校准、参数恢复。

图 3-18 "系统设置"选择图

①风扇速度设置。通过"▲"/"▼"键,选中"风扇速度",按"确定"键,如图 3-19 所示。再通过"▲"/"▼"键,选择需修改速度的阶段,每个阶段均有进风、排风、散热 3 组风扇,进风、排风风速均可单独设置,有 0~7 八挡,其中"0"为关闭,"7"为速度最高。

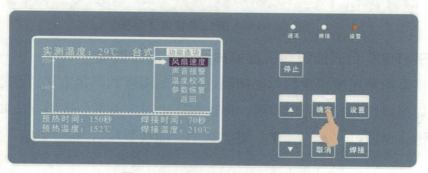

图 3-19 "风扇速度"设置图

②声音报警。可设定有无声音报警。

③温度校准。厂家调试设备保留。

④参数恢复。可恢复出厂设置。

5. 用 Create-SMT500 台式回流焊机进行回流焊接

①参数设置。为达到最佳焊接效果,可以根据某一批电路板的实际情况,设定最佳的参数并保存起来供后续调用。有铅焊接参考参数:预热时间 200s,预热温度 150℃,焊接时间 160s,焊接温度 220℃;无铅焊接参考参数:预热时间 200s,预热温度 180℃,焊接时间 160s,焊接温度 255℃。根据电路板和元器件的不同而稍有差异。其中,预热段与焊接段,会根据设定时间和温度双重判断,只有两者都符合时方可进入下一段。

②回流焊接。通过台式回流焊机,将焊膏熔化,使表面贴装元器件与 PCB 牢固粘接在一起。

知识库 2 操作全热风无铅回流焊机

1. 开始生产前准备

当计算机进入 Windows 后,双击回流焊图标,将显示图 3-20 所示画面。此界面是设备的主监控界面,主界面是监控和操作设备的重要窗口,主界面可对设备的运行动画和工作状态进行操作和监控。

调用程式视频

在监控画面里可以监控设备的运行数据、运行动画和操作设备的工作状态。

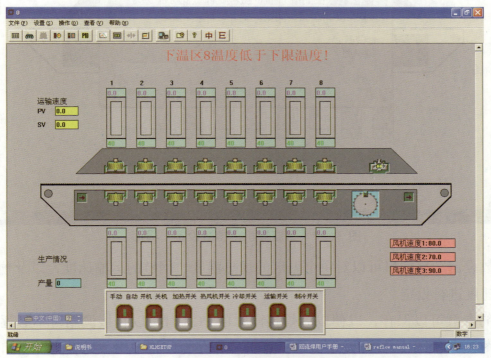

图 3-20 回流焊机主监控界面

注:此界面支持操作员密码功能,当密码打开时才能对设备进行操作和参数设置,否则只能监控设备运行情况。密码关闭时快捷菜单和下拉菜单都为无效灰白色,不能进行操作;密码

打开时快捷菜单和下拉菜单都为有效黑色，可以进行操作。

打开密码方法：单击密码锁快捷图标，出现输入安全密码对话框，在对话框里输入安全密码即可。关闭密码方法：单击密码锁快捷图标，快捷按钮又变成灰白色。

①语言选择功能。可直接在"文件"下拉菜单"语言"中进行中文简体、中文繁体、英文切换，如图3-21所示。在转换的时候可能会出现乱码，一般重新启动软件即可，如果还是不能解决，可能是系统没有相应的字库。在英文系统下中文会出现乱码属正常现象。

图3-21　回流焊控制系统语言选择图

②运行参数设置。单击"参数设定"弹出"参数设定"界面，如图3-22所示。

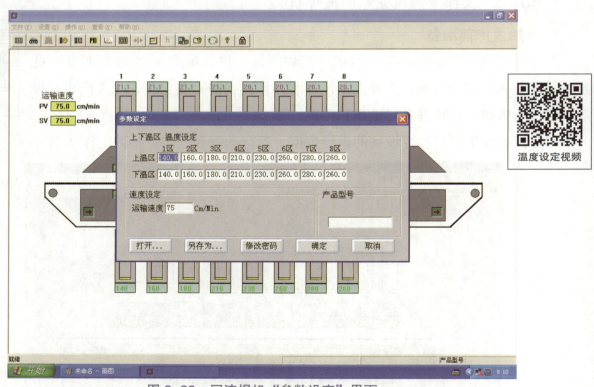

图3-22　回流焊机"参数设定"界面

在"参数设定"界面里可以对每个温区的加热温度、网链的运输速度，以及预热、升温的焊接风机的速度进行设定。

此界面的参数可以保存，以便以后焊接同样的PCB时可以直接调用，不必逐一修改，操作方法：如图3-23所示，打开设定窗口，点击"另存为"将弹出"另存为"窗口，输入相应的文件名即可保存。

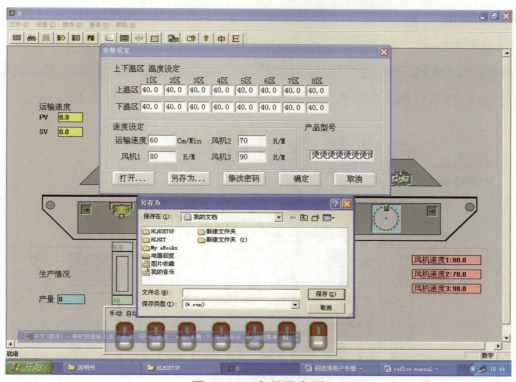

图 3-23 参数另存图

下次使用时要调出存储的运行参数,操作方法:点击"打开"按钮,选择相应的文件名即可打开,点击"确定"按钮便可把参数下载到 PLC 运行。

此界面为防止非相关操作人员错误操作,设有保护密码(出厂时未设密码),客户可根据需要设置密码,也可点击"修改密码"重新设置密码,如图 3-24 所示。

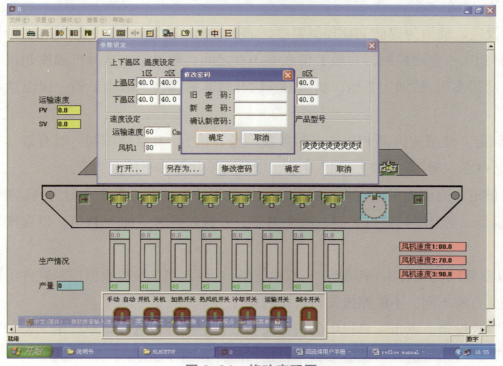

图 3-24 修改密码图

③PID参数设定。在"设置"下拉菜单里单击"PID参数设定"将出现"PID参数设定"界面，如图3-25所示。

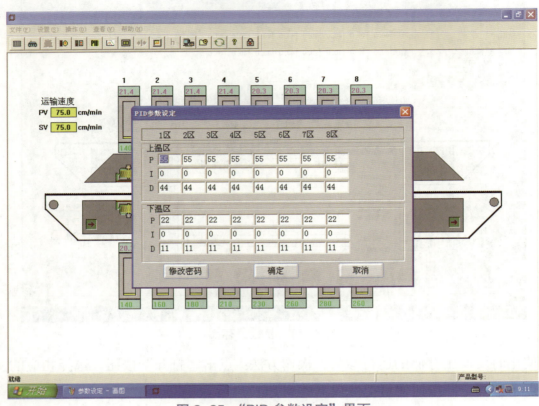

图3-25 "PID参数设定"界面

PID参数是温度控制的重要参数，准确设定PID参数是控制温度的必要条件。在PID参数中P和I为最重要的参数。

A. P值设定。此值为提前PID控制温度，如设定温度为260℃，P值为10，即当温度升到250℃时开始PID占空比控制，一般P值在0~100之间。如果第一次开机温度超温（实际温度超过设定温度很多），请加大P值；如果第一次升温非常缓慢，减小P值，以温度不超温和不掉温为宜。

B. I值设定。此值为内部PID的控制参数，当D值为"0自动控制"时有效。当温度超温过大时，减小I值；升温过慢时，加大I值，以温度不超温和不掉温为宜。

C. D值设定。此值为手动占空比参数，此值范围"0~100"（等于0时为自动控制；大于0时为手动控制）。当温度超温过大时，减小D值；升温过慢时，加大D值，以温度不超温和不掉温为宜。

注：PID参数同样支持密码功能，一般由管理员设定；PID参数根据控制软件不同可能控制的目标和意义有所不同，不能照搬其他公司的软件。

④机器参数设定。点击工具栏中的机器人参数设定图标或选择菜单栏中"窗口"下的"机器参数设定"选项，可进入"机器参数"设定界面，如图3-26所示。

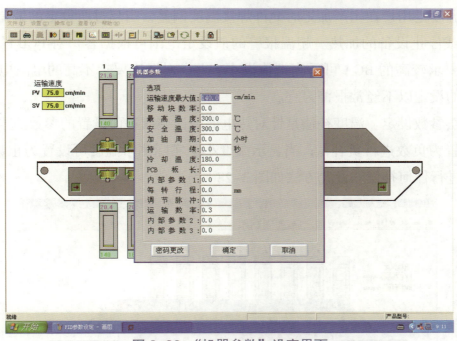

图 3-26 "机器参数"设定界面

A. 最高温度。最高温度是设备的最高升温温度，出厂设定为300℃，参数设定里的温度不能操作机器参数里的最高温度，软件里已自动限制。

B. 安全温度。安全温度即自动关机时的关闭温度，一般可设定为100℃~200℃。

C. 加油周期和持续加油时间，此参数请根据润滑程度设定。

D. 其余参数可不必设定，系统已运行最佳参数。

⑤超温报警设定。单击"设置"下拉菜单的"极限温度设置"选项或工具栏中的极限温度设置图标，显示"超温报警参数设定"界面，如图3-27所示。

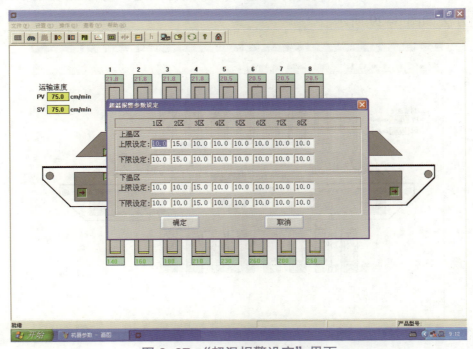

图 3-27 "超温报警设定"界面

超温报警温度是用户在生产加工时允许焊接温度偏差,当超过所设定的偏差值,设备将发出相应的报警或停止设备的加热。超温报警的值设定范围可根据客户对 PCB 的焊接要求来设定,如对温度要求较高的 BGA 可适当把值设小一些;对温度要求不高的电阻电容可适当设大一些。此参数的设定以不经常报警为宜。

⑥温度补偿参数设定。温度补偿是针对热电偶的误差纠正而设置的参数。当显示温度大于实际温度可设置为负数进行负补偿;当显示温度小于实际测量温度可设置为正数进行正补偿;出厂值为 0 未进行任何补偿。设置方法如图 3-28 所示。

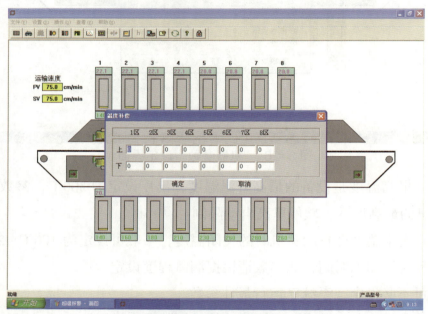

图 3-28　温度补偿参数设定

⑦颜色设置。颜色设置是专门为操作员进行的个性化设定,它可以修改操作界面的颜色。颜色设置方法如图 3-29 所示。

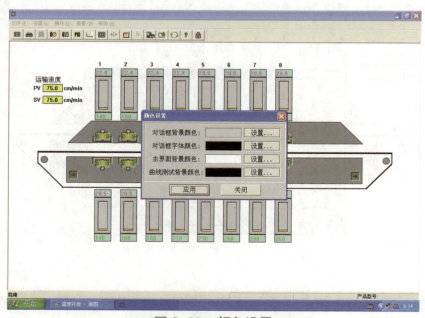

图 3-29　颜色设置

⑧机器复位。当设备发生故障后可以关闭当次报警，不影响下次故障报警。复位方法如图 3-30 所示。

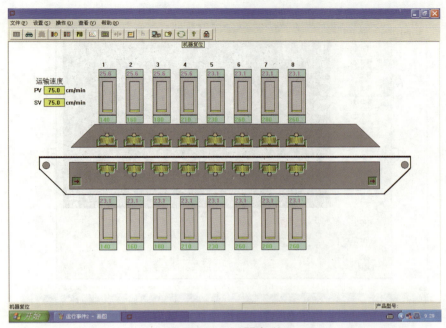

图 3-30　机器复位

⑨修改安全码。安全码操作员登录密码，修改密码时可直接输入新密码和旧密码，如图 3-31 所示。

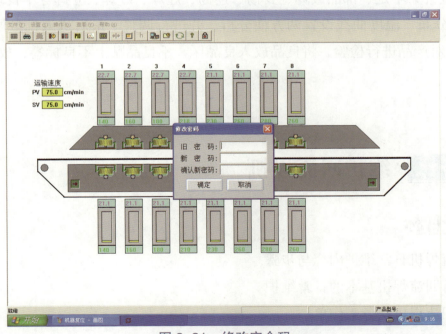

图 3-31　修改安全码

⑩温度曲线测试图。在回流焊设备中，当对各温区的温度设定好，此时还不能直接使用，需要验证。温度曲线是指 SMA（表面贴装组件）通过回流焊机时，SMA 上某一点的温度随时间变化的曲线，其本质是 SMA 在某一位置的热容状态。温度曲线提供了一种直观的方法，来

分析某个元件在整个回流焊过程中的温度变化情况。这对于获得最佳的可焊性,避免由于超温而对元件造成损坏,以及保证焊接质量都非常重要。温度曲线测试界面如图3-32所示。

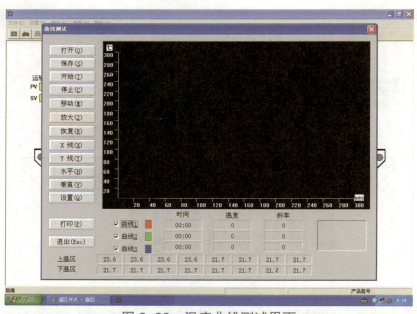

图3-32 温度曲线测试界面

2. 开始生产

生产前的准备工作做完以后,即可传入3~5张贴片完成的电路板,进行首板焊接,并检查确认。重点检查推力不足、部品破坏、少锡、连锡、虚焊、冷焊、立碑等不良现象,对不良原因从PCB部品分布、温度曲线设置两方面分析,并进行调整。最后进入批量回流焊接生产阶段,AOI操作员对产品进行检验,将良品放入良品区,不良品贴上不良标签,放入不良区存放。

 维护回流焊机

进板视频

一、学习目标

1. 掌握回流焊机日常维护内容与步骤。
2. 能够进行回流焊机基本的日常维护。
3. 会填写回流焊机任务工作单。
4. 具备良好的职业道德,以及良好的沟通能力和团队协作精神。

二、任务描述

到生产性实训车间,根据回流焊机任务工作单进行日常维护,完成清洁、润滑、轨道校正、简易故障排除等操作。

三、任务知识库

知识库 1　Create-SMT500 台式回流焊机的维护

Create-SMT500 台式回流焊机设有内腔清洁功能，日常养护时，设备用过几次之后，建议手动开启加热和风机 2~3min，让内腔残存的溶剂、焊料加热挥发掉，保证内腔清洁和整机性能稳定。每次停机前一定要开启风机让整机充分冷却，这样可延长使用寿命。

定期清洁抽屉的玻璃观察窗，保持其清洁。也可按"停止"键中止焊接但不打开焊接托盘，焊接结束后待线路板温度降至 75℃时焊接托盘会自动打开。

知识库 2　Create-SMT3000 全热风无铅回流焊机的维护

Create-SMT3000 全热风无铅回流焊机的常见故障及排除方法见表 3-3、表 3-4。

表 3-3　Create-SMT3000 全热风无铅回流焊机典型故障分析与排除

故障	造成故障的原因	如何排除故障	机器状态
升温过慢	1. 热风马达故障。 2. 风轮与马达连接松动或卡住。 3. 固态继电器输出端断路	1. 检查热风马达。 2. 检查风轮。 3. 更换固态继电器	长时间处于"升温过程"
温度居高不下	1. 热风马达故障。 2. 风轮故障。 3. 固态继电器输出端短路	1. 检查热风马达。 2. 检查风轮。 3. 更换固态继电器	工作过程
机器不能启动	1. 紧急开关未复位。 2. 未按下启动按钮	1. 检查紧急开关。 2. 按下启动按钮	启动过程
加热区温度升不到设置温度	1. 加热器损坏。 2. 热电偶有故障。 3. 固态继电器输出端断路。 4. 排气过大或左右排气量不平衡	1. 更换加热器。 2. 检查或更换热继电器。 3. 更换固态继电器。 4. 调节排气调气板	长时间处于"升温过程"
运输电机不正常	运输变频器测出电机超载或卡住	1. 重新开启运输变频器。 2. 检查或更换变频器。 3. 重新设定变频器电流测定值	1. 信号灯塔红灯亮。 2. 所有加热器停止加热
计算机屏幕上速度值误差偏大	速度反馈传感器距离有误	检查 U 形电眼是否故障	

表 3-4 Create-SMT3000 全热风无铅回流焊机计算机常见故障及对策

序号	现象	原因	解决方法
1	测曲线时死机	测温线接反或松动	检查并重接测温线
2	温度波动大	（1）脉冲参数设置不合理。 （2）探头位置不合理	（1）重新设置 PID 参数。 （2）调整探头位置
3	计算机反复重启	（1）操作系统损坏。 （2）主板损坏。 （3）CPU 风扇损坏	（1）重装系统。 （2）更换主板。 （3）更换 CPU 风扇
4	进入控制面板时重启或花屏	系统损坏	重装系统
5	不能打开软件控制画面	软件损坏	重装控制软件
6	点击运输或运输时黑屏	地线接触不良	重接地线
7	不能进入 Windows XP 系统	系统文件损坏	重装系统
8	设屏保时报警	屏保时看不到温度	取消屏保
9	非法关机后不能进入程序界面	非法关机后文件损坏	重装操作系统
10	不能进入控制软件界面	控制系统损坏	重装控制软件
11	计算机键盘失灵	误按键盘锁	解开键盘锁
12	不能进入曲线测试界面	ODBC 数据源没设定	重新设定 ODBC 数据源
13	设定 ODBC 数据源时出现错误	操作系统损坏	重装操作系统
14	进入程序后温度为 0 并且各开关失效	计算机与 PLC 未能通信	核对串行接口，在控制面板里检查通信协议并使其绑定

项目四
检测设备的操作与维护

知识树

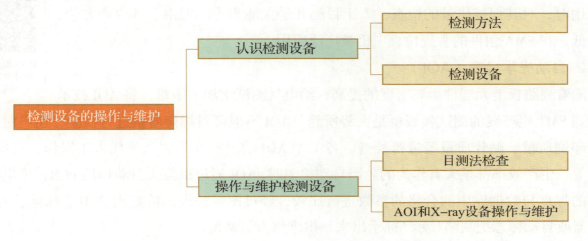

任务一　认识检测设备

一、学习目标

1. 了解检测设备的种类及结构。
2. 理解检测设备的基本原理。
3. 掌握检测设备开关机步骤及各种检测方法。
4. 具备积极训练、吃苦耐劳等优良品质。

产品包装视频

二、任务描述

到生产性实训车间认识 AOI 和 X-ray 设备，绘制 SMT 典型生产工艺流程，注明每个环节的设备名称。认识其中检测环节的 AOI 和 X-ray 设备结构，观察生产过程中的目测法检测、AOI 检测和 X-ray 检测的步骤及操作方法，并进行检测设备的简单操作，完成任务单填写。

三、任务知识库

知识库1　检测方法

1. 人工目测检查

人工目测检查是指直接利用肉眼或借助放大镜、显微镜等简单的光学放大系统对组装质量进行检查的方法。检查的内容包括印制电路板质量、焊膏印刷质量、贴片质量、焊点质量和组件表面质量等。

人工目测检查，其缺点是检测范围有限，只能检查器件漏装、方向极性、型号正误、桥连，以及部分虚焊等可视外观缺陷情况，且检测速度慢，检测精度有限，检查结果重现性差。在处理0603、0402和细间距芯片时，人工目测更加困难，特别是当BGA器件大量采用时，对其焊接质量的检查，人工目测几乎无能为力。但由于其检查方便、成本低，在SMA组件的常规检查中仍被广泛应用。

BGA返修台光学对位系统结构动画

2. 自动光学检查（AOI）

随着线路板上元器件组装密度的提高，给电气测试增加了困难，将AOI技术引入到SMT生产线的测试领域也是大势所趋。AOI不但可对焊接质量进行检验，还可对光板、焊膏印刷质量、贴片质量等进行检查。各工序AOI的出现几乎完全替代人工操作，对提高产品质量、生产效率都是大有作为的。当自动检测时，AOI通过摄像头自动扫描PCB，采集图像，测试的焊点与数据库中的合格的参数进行比较，经过图像处理，检查出PCB上缺陷，并通过显示器或自动标志把缺陷显示/标示出来，供维修人员修整。

现在的AOI系统采用了高级的视觉系统、新型的给光方式、增加的放大倍数和复杂的算法，从而能够以高测试速度获得高缺陷捕捉率。AOI系统能够检测表面贴装错误，元器件漏贴、钽电容的极性错误、焊脚定位错误或者偏斜、引脚弯曲或者折起、焊料过量或者不足、焊点桥接或者虚焊等。AOI除了能检查出目检无法查出的缺陷外，AOI还能把生产过程中各工序的工作质量，以及出现缺陷的类型等情况收集、反馈回来，供工艺控制人员分析和管理。但AOI系统也存在不足，如不能检测电路错误，同时对不可见焊点的检测也无能为力。

3. 自动X射线检查（AXI）

AXI是近几年才兴起的一种新型测试技术。AXI技术已从以往的2D检验法发展到目前的3D检验法。前者为透射X射线检验法，对于单面板上的元件焊点可产生清晰的视像，但对于目前广泛使用的双面贴装线路板，效果就会很差，会使两面焊点的视像重叠而极难分辨。而3D检验法采用分层技术，即将光束聚焦到任何一层并将相应图像投射到一高速旋转的接收面上，使位于焦点处的图像非常清晰，而其他层上的图像则被消除，故3D检验法可对线路板两面的焊点独立成像。

4. 在线测试仪（ICT）

电气测试使用的最基本仪器是在线测试仪（In-Circuit Test，ICT），传统的在线测试仪测量时使用专门的针床与已焊接好的线路板上的元器件接触，如图4-1、图4-2所示。

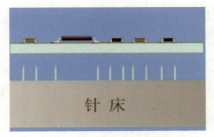
图4-1　针床测试准备图

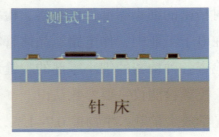
图4-2　针床测试图

针床测试时用数百 mV 电压和 10mA 以内电流进行分立隔离测试，从而精确地测出所装电阻、电感、电容、二极管、三极管、可控硅、场效应管、集成块等通用和特殊元器件的漏装、错装、参数值偏差、焊点连焊、线路板开/短路等故障，并将故障是哪个元件或开/短路位于哪个点准确告诉用户。

针床式在线测试仪优点是：测试速度快，适合于单一品种民用型家电线路板及大规模生产的测试，而且主机价格较便宜。但是随着线路板组装密度的提高，特别是细间距SMT组装，以及新产品开发生产周期越来越短，线路板品种越来越多，针床式在线测试仪存在一些难以克服的问题：测试用针床夹具的制作、调试周期长、价格贵，对于一些高密度SMT线路板由于测试精度问题无法进行测试。

知识库2　检测设备

1. Create-PDM2000 视频检测仪

（1）视频检测仪主要部件

Create-PDM2000视频检测仪是一款连续变倍的单筒显微镜，该仪器主要部件如图4-3所示，采用显微镜与高清晰度的彩色CCD（电荷耦合器件）或电视机、监视器、计算机配套使用。

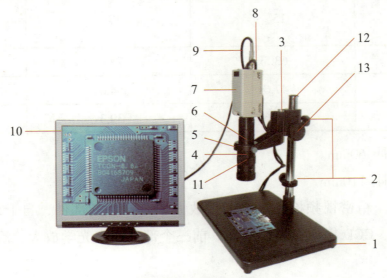

图4-3　视频检测仪结构图

1—检测台面；2—锁紧手轮；3—升降座；4—主物镜；5—滚花螺钉；6—摄影目镜；7—CCD摄像头；8—CCD电源；9—视频信号线；10—监视器；11—拖动套；12—连接螺杆；13—调焦手轮

（2）视频检测仪主要应用

①对精密的细小零部件作观察、检验和测量工具使用。

②在电子工业中，作电路、晶体管等贴片装配的辅助工具。

③检查各种精密的细小零部的裂缝形状、气孔形状、腐蚀情况等。

（3）视频检测仪主要参数认识

①光学放大倍数：主物镜0.7~4.5x，见表4-1。

表4-1 视频检测仪的光学放大倍数

辅助物镜倍率	总放大倍数		工作距离/mm
	摄影目镜		
	0.5x	1x	
0.5x	0.18~1.13x	0.35~2.25x	156
无辅助物镜	0.35~2.25x	0.7~4.5x	95
2x	0.7~4.5x	1.4~9.0x	30

② CCD摄像机靶面对角线尺寸见表4-2。

表4-2 CCD摄像机靶面对角线尺寸

规格	1/3″	1/2″	2/3″
对角线长度/mm	6	8	11

③视频放大率见表4-3。

表4-3 视频检测仪的视频放大率

CCD \ 显示器	15″	17″	21″
1/3″	63.5x	72.0x	88.5x
1/2″	47.6x	54.0x	66.7x
2/3″	34.6x	39.3x	48.5x

④手轮调焦范围：60mm。

⑤立柱升降范围：110mm。

⑥图像放大率。精密视频检测仪对图像放大率有贡献的部件，自上而下有：辅助物镜、主物镜、摄影目镜、CCD摄像机、显示器。前三个部件产生光学放大，后两个部件产生数字放大。

$$总放大率 = 光学放大倍数 \times 视频放大率$$

$$物方视场直径 = CCD靶面对角线尺寸 / 光学放大率$$

2. AOI 设备

（1）AOI 设备的分类

AOI 设备一般可分为在线式和桌面式两大类，而根据在生产线上的位置不同，AOI 设备通常又可分为 3 种：第一种是放在锡膏印刷机之后的主要检测锡膏质量的 AOI；第二种是放在贴片机后检测元器件贴装质量的 AOI；第三种是放在回流焊机后可同时检测元器件贴装质量和焊接质量的 AOI，如图 4-4 示意图。

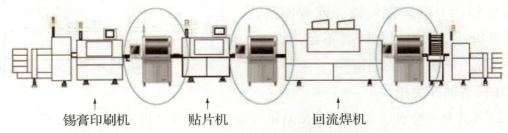

图 4-4　AOI 在生产线中不同位置的检测示意图

目前常见的 AOI 设备品牌有 OMRON（日本）、SAMSUNG（韩国）、ALEADER（中国广州）、Agilent（美国）、Teradyne（美国）、MVP（美国）、SAKI（日本）、TRI（中国台湾）、JVC（日本）、LaserVision（德国）、SONY（日本）、O-TEK（中国福建）等。如图 4-5 所示为部分 AOI 设备外观。

（2）AOI 设备的组成

AOI 设备一般由以下几部分组成：CCD 摄像系统、机电控制系统、软件系统和操作平台。其中 CCD 摄像系统包括照明单元、图像获取单元，主要执行图像采集功能；机电控制系统主要功能是将所检测的物体传送到指定监测点；软件系统主要功能是将所采集的图像进行分析和处理；操作平台用来实现人机交互。

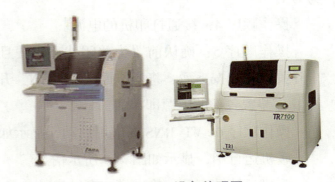

图 4-5　AOI 设备外观图

（3）AOI 设备的工作原理

AOI 设备的基本工作原理是通过光源对 PCB 进行照射，用光学镜头将 PCB 的反射光采集进计算机，通过计算机软件对包含 PCB 信息的色彩差异或辉度比进行分析处理，从而判断 PCB 上锡膏印刷、元件放置、焊点焊接质量情况。基本原理如图 4-6 所示。

图 4-6　AOI 检测基本原理图

AOI采用了高级的视觉系统、新型的给光方式、高的放大倍数和复杂的处理法,从而能够以高测试速度获得高缺陷捕捉率。AOI系统能够检验大部分的元器件,包括矩形元件(0805或更大)、圆柱形元件、钽电容、线圈、晶体管、排组、FP、SOIC(0.4mm间距或更大)、连接器、异型元件等,能够检测出元器件漏贴、钽电容的极性错误、焊脚定位错误或者偏斜、引脚弯曲或者折起、焊料过量或者不足、焊点桥接或者虚焊等,如图4-7所示。

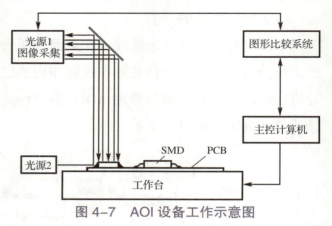

图4-7 AOI设备工作示意图

(4) AOI设备的开关机

① AOI设备的开机操作。以OMRON AOI设备为例,其开机操作顺序如下。

操作顺序1:确认气源被供给。

操作顺序2:使用打印机时,将检查装置和打印机联机。

操作顺序3:确认检查装置背面的主电流断路器为ON。

操作顺序4:接通打印机的电源。

操作顺序5:确认前罩为关闭状态,并且紧急停止开关没有被按下后,将操作面板的"ON"开关按下约1s。装置各部的电源即接通。

XY阶段开始初始动作,之后约30秒为暖机运转。

图4-8 AOI设备初始化开始界面

操作顺序6:VT-RNS的应用启动,显示如图4-8所示信息后,按"START"按钮。

暖机运行中,显示如图4-9所示信息。

暖机运转结束后,检查模式自动启动,显示"检查程序选择"对话框,如图4-10所示。

图4-9 AOI设备暖机运转界面

图4-10 AOI设备"检查程序选择"界面

② AOI 设备的关机操作。以 OMRON AOI 设备为例,其关机操作顺序如下。

操作顺序 1:在主菜单中单击"切断电源",或按操作面板的"OFF"键,如图 4-11 所示。切断电源时,请务必按照顺序进行系统的关闭结束处理。未作关闭结束处理的情况下使用主电流断路器切断电源时,有可能损伤硬盘,并且不能保证数据的完整。反复进行电源的 ON/OFF,会成为主机以及 UPS 的故障原因。一旦电源为 OFF 后,须在经过 20s 以上再使其为 ON。系统的结束处理过程中,请不要进行重新启动或使主电流断路器为 OFF,否则也有可能对硬盘和数据造成伤害。

操作顺序 2:单击"切断电源",保存系统的数据后,移动进入装置的运作结束动作。自动切断装置的电源,如图 4-12 所示。

图 4-11　AOI 设备关机界面图

图 4-12　AOI 设备关机操作图

3. X-ray 设备

(1) X-ray 设备的组成

X-ray 检测设备主要组成有:机械旋转单元、X-ray 产生单元、图像获取单元、图像分析单元、设备接口单元、计算机控制单元。

X-ray 透视图可以显示焊点厚度、形状及质量的密度分布。这些指针能充分反映出焊点的焊接质量,包括开路、短路、孔、洞、内部气泡,以及锡量不足,并能够做到定量分析。X-ray 检测的最大特点是能够对 BGA 等部件的内部进行检测。设备外观如图 4-13 所示。

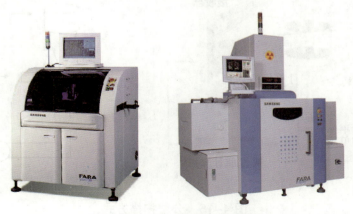

图 4-13　X-ray 设备外观图

(2) X-ray 设备的工作原理

X-ray 设备基本原理如图 4-14 所示。当组装好的线路板（PCBA）沿导轨进入机器内部后，位于线路板下方有一 X-ray 发射管，其发射的 X 射线穿过线路板后被置于上方的探测器（一般为摄像机）接收，由于焊点中含有可以大量吸收 X 射线的铅，因此与穿过玻璃纤维、铜、硅等其他材料的 X 射线相比，照射在焊点上的 X 射线被大量吸收，而呈黑点产生良好图像，使得对焊点的分析变得相当直观，故简单的图像分析算法便可自动且可靠地检验焊点缺陷。

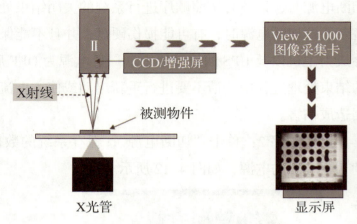

图 4-14 X-ray 检测基本原理

目前，AXI 检测设备由于技术升级，已从 2D 检测发展到 3D 检测，其检测设备按照分层功能区分有两大类。一是不带分层功能，二是具有分层功能。

不带分层功能设备是通过机械手对 PCBA 进行多角度的旋转，形成不同角度的图像，然后由计算机对图像进行合成处理和分析，来判断缺陷。

计算机分层扫描技术（工业 CT）可以提供传统 X 射线成像技术无法实现的二维切面或三维立体表现图，并且避免了影像重叠、混淆真实缺陷现象，可清楚地展示被测物体内部结构，提高识别物体内部缺陷的能力。

分层扫描技术有两种成像方式。一是 X 光管发射 X 光束并精确聚焦到被测物体的某层，被测物体置于一可旋转的平台上，旋转平台高速旋转，使焦面上的图像清晰地呈现在接收器上，再由 CCD 照相机将图像信号变为数字信号，交给计算机处理和分析，如图 4-15（a）所示。二是将 X 光束精确聚焦到 PCB 的某一层上，然后图像由一个高速旋转的接收面接收，由于接收面高速旋转使处在焦点上的图像清晰，而不在焦点上的图像则被消除，如图 4-15（b）所示。

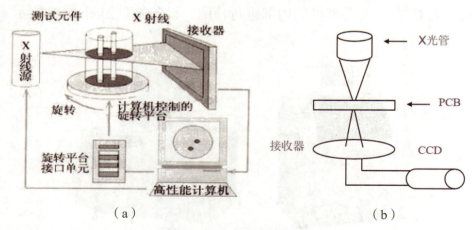

图 4-15 分层扫描方式

（3）X-ray 检测设备的特点

① X-ray 对工艺缺陷的覆盖率高达 97%。可检查的缺陷包括虚焊、桥连、立碑、焊料不足、气孔、器件漏装等。尤其是 X-ray 对 BGA、CSP 等焊点隐藏器件也可检查。

② 较高的测试覆盖度。它可以对肉眼和在线测试检查不到的地方进行检查，比如 PCB 内层走线断裂，X 射线可以对其进行很快的检查。

③ 测试的准备时间大大缩短。

④ 能观察到其他测试手段无法可靠探测到的缺陷，如虚焊、气孔和成型不良等。

⑤ 对双面板和多层板只需检查一次。

⑥ 提供相关测量信息，用来对生产工艺过程进行评估，如焊膏厚度、焊点下的焊锡量。

（4）X-ray 检测设备的功能

① BGA、CSP、Flip Chip 检测。

② PCB 焊接情况检测。

③ 短路、开路、空洞、冷焊的检测。

④ IC 封装检测。

⑤ 电容、电阻、传感器等元器件的检测。

⑥ 电热管、锂电池、精密器件等内部探测。

⑦ 对检测产品整体及局部拍照。

⑧ 测量焊球大小、焊球间的间隔、空洞百分比。

⑨ 出具检测报告。

（5）X-ray 设备的开机

以 Dage XD7500 X-ray 为例，其开机步骤如下。

① 开机前进行外观损伤检查。

② 检查机器前后门是否关闭，处于正常状态。

③ 把主控开关转到"1"的位置开启电源；如果其之前在"T"位置，则需要先将其转到"0"的位置，再转到"1"位置。

④ 检查急停按钮是否已经锁定，如果是，则顺时针旋转解除紧急关闭状态。

⑤ 插入钥匙，将钥匙开关转到"X-RAY ENABLE"位置，如图 4-16（a）所示。

⑥ 按设备上绿色"POWER ON"键，如图 4-16（b）所示。

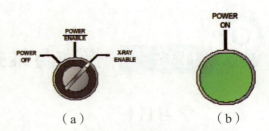

图 4-16 钥匙开关及 POWER ON 键

⑦ 初始化，如图 4-17 所示。

⑧ 观察并等待真空度达到一定的使用标准，如图 4-18 所示。

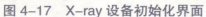

图 4-17 X-ray 设备初始化界面

图 4-18 真空度指示灯按钮

⑨从程序界面顶部的"Tube"选项菜单中选择"Warm-up"开始机器预热。这个过程较慢，射线管的电压会缓慢变化直至增加到最大值。

（6）X-ray 设备的关机

以 Dage XD7500 X-ray 为例，其关机步骤如下。

①单击图 4-19 所示的关闭按钮，将 X 射线关闭。

②单击 Dage 应用程序窗口右上角的关闭按钮。

③在屏幕左下角单击 start 按钮。

④进入关机界面，如图 4-20 所示。

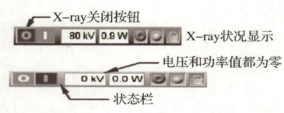

图 4-19 关闭按钮和指示灯图标

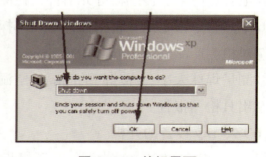

图 4-20 关机界面

⑤屏幕画面消失后，将钥匙开关转到"POWER OFF"，取下钥匙。

⑥将主控开关转到"0"位置。

任务二 操作与维护检测设备

一、学习目标

1. 熟悉目测法检查的内容及标准。
2. 熟悉检测设备的使用方法。
3. 掌握检测设备的维护方法。
4. 能够以严谨的科学态度用目测和设备检测检查焊接质量。

二、任务描述

到生产性实训车间进行目测法检查,总结目测法检查的优缺点;然后,操作 AOI 和 X-ray 设备,实现产品检测任务,对比目测和机器检测的区别;最后,完成检测任务,进行 AOI 和 X-ray 设备维护任务,并做好记录。

三、任务知识库

知识库1 目测法检查

1. 检查内容

(1) 锡膏印刷检测内容

①锡膏印刷是否完全。

②有无桥接。

③厚度是否均匀。

④有无塌边。

⑤印刷有无偏差。

(2) 贴片检测内容

①元件的贴装位置情况。

②有无掉片。

③有无错件。

(3) 回流焊接检测内容

①元件的焊接情况,有无桥接、立碑、错位、焊料球、虚焊等不良焊接现象。

②焊点的情况。

2. 检查标准

①锡膏印刷检验。总则:印刷在焊盘上的焊膏量允许有一定的偏差,但焊膏覆盖在每个焊盘上的面积应大于焊盘面积的 75%,如表 4-4 所示。

表 4-4 锡膏印刷检查标准

缺陷	理想状态	可接受状态	不可接受状态
偏移			
连锡			
锡膏沾污			

缺陷	理想状态	可接受状态	不可接受状态
锡膏高度变化大			
锡膏面积缩小、少印			
锡膏面积太大			
挖锡			
边缘不齐			

②点胶检验。理想胶点：焊盘和引出端面上看不到贴片胶沾染的痕迹，胶点位于各个焊盘中间，其大小为点胶嘴的 1.5 倍左右，胶量以贴装后元件焊端与 PCB 的焊盘不沾污为宜，如表 4-5 所示。

表 4-5　点胶标准

缺陷	理想状态	可接受状态	不可接受状态
偏移			
胶点过大			
胶点过小			
拉丝			

③贴片检验。其标准如表4-6所示。

表4-6 贴片标准

缺陷	正常状态	可接受状态	不可接受状态
偏移			
偏移			
溢胶			
漏件			
错件			
反向			
偏移			
悬浮			
旋转			

④焊接后检验。良好的焊接应是焊点饱满、润湿良好,焊料铺展到焊盘边缘,如表4-7所示。

表 4-7 焊点检查标准

缺陷	正常状态	可接受状态	不可接受状态
偏移		B<A/4	B>A/4
偏移	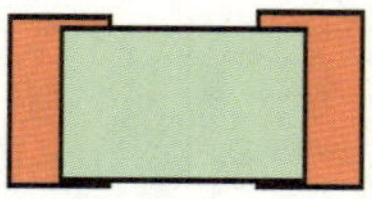		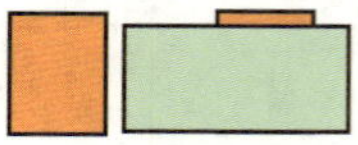
溢胶	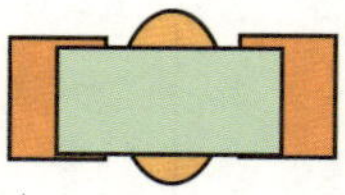	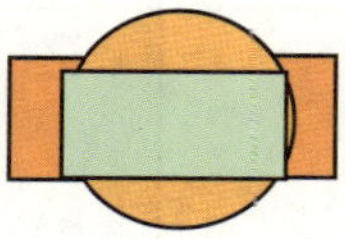	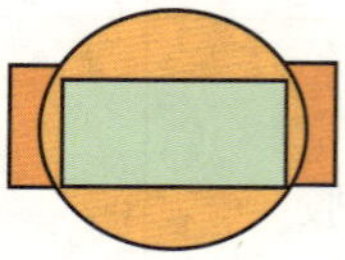
漏件	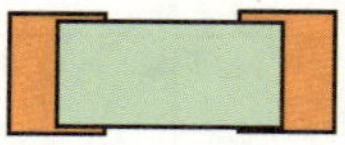		
错件	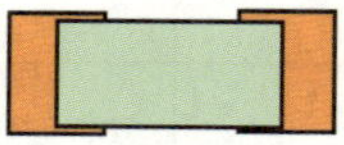		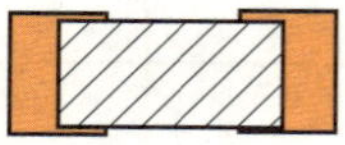
反向	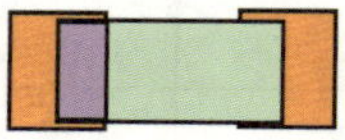		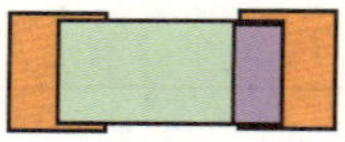
立碑	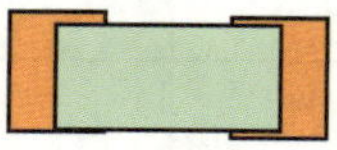		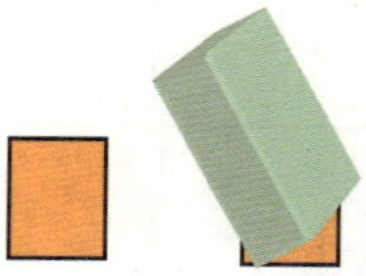
旋转	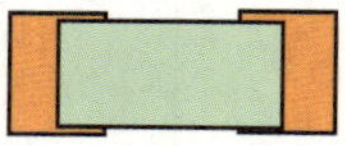	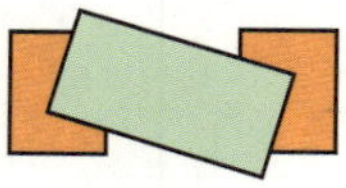	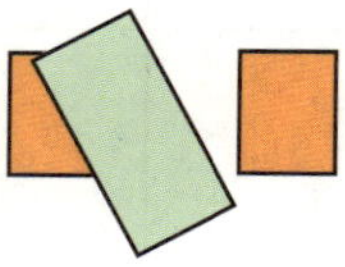
焊锡球	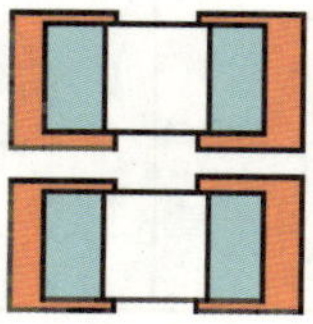	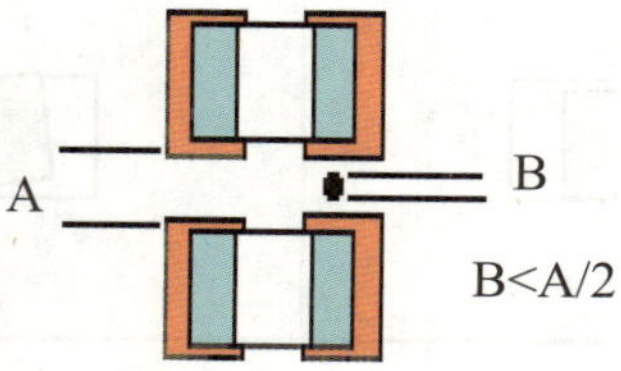 B<A/2	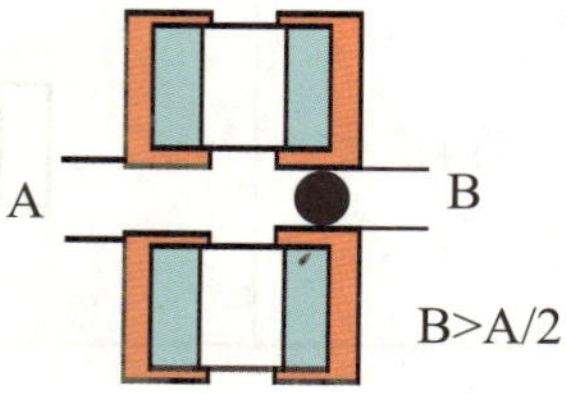 B>A/2

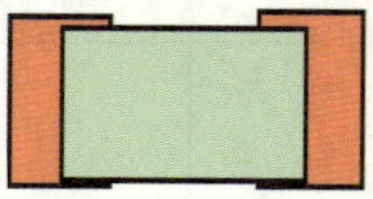

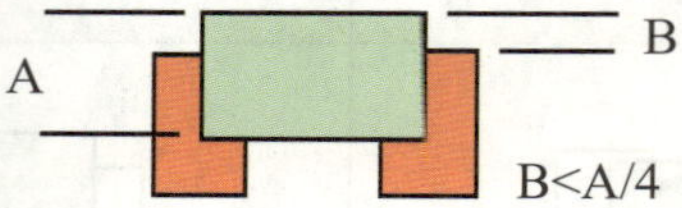

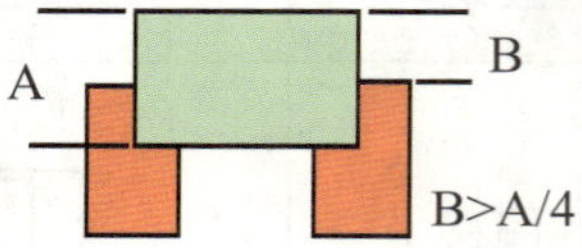

知识库 2 AOI 和 X-ray 设备操作与维护

1. AOI 设备的操作与维护

（1）AOI 设备程序编写

以三星 VCTA-A486 型检测仪为例，AOI 程序编写工艺流程为 PCB 固定治具调整→新建程序→设定 PCB 原点→设定 PCB 长→创建 PCB 缩略图→设定 MARK→制作程序检测框→链接到对应元件标准→优化路径→在线调试→备份文件→结束。编程操作界面如图 4-21 所示。

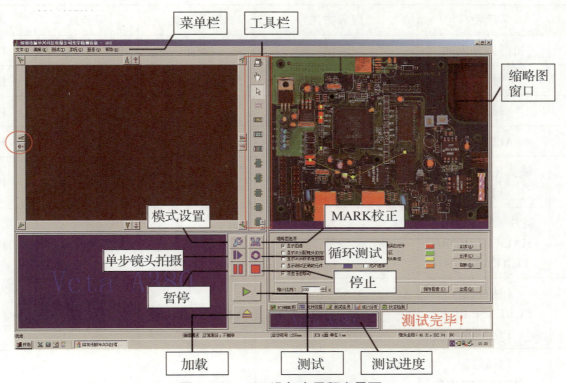

图 4-21 AOI 设备应用程序界面

（2）编程操作的步骤

①首先人工检测一块合格的表面组装板作为标准板。

②将标准板放在 AOI 中进行扫描。

③对标准板进行编程。利用元件库或自定义。用视框框住元件，输入元件的种类，设置门槛值、上限、下限等信息。由于元件批次不同，元件外观与示教好的元件外观不同发生错误时，可做简单更改。

④连续检测时，机器自动与标准板进行比较，并把不合格的部分记录下来（做标记或打印出来）。

（3）AOI 设备机器操作要领

①操作主界面。

②菜单（Mode 菜单）。

③快捷键功能（调校模式 Teach）。

④程序编辑（进入 Teach、设置尺寸、Mark、选择编辑窗、完成型号制作）。

⑤元件检查类型（含义理解）。

⑥设备间程序的拷贝。

（4）AOI 设备维护内容

AOI 设备保养事项及频率如表 4-8 所示。其保养事项示意图如图 4-22 所示。

表 4-8 AOI 设备保养事项及频率

序号	项目	保养方法	保养工具	保养频率	责任人
1	机器内外表面	清洁	碎布	日/次，月/次	PE/ME
2	过滤器	清洁	无尘纸，吸尘器	日/次，月/次	PE/ME
3	显示器	清洁	碎布	日/次，月/次	PE/ME
4	ALC Patch	清洁	无尘纸	日/次，月/次	PE/ME
5	镜头（CAMERA LENS）	清洁	无尘纸	日/次，月/次	PE/ME
6	镜片（MIRROR, HALF MIRROR/ FILTER LENS）	清洁	无尘纸	日/次，月/次	PE/ME
7	扫描轨道（GREASE RISE POINTS）	清洁，上黄油	无尘纸，吸尘器	月/次	ME
8	扫描灯管（TELECENTRIC LENS）	清洁	无尘纸，吸尘器	月/次	ME
9	各丝杠、滑杆、滑块（NEEDLESS TO GREASE RISE, GREASE RISE POINTS）	清洁，上 T&D 油	无尘纸，吸尘器	月/次	ME
10	冷却风扇	清洁	吸尘器	月/次	ME
11	机器原点位置检查	—	—	月/次	ME
12	ALC 值	T2（185~190）	ALC 测试板	周/次	ME
13		T3（249~254）	ALC 测试板		
14		T14 55~60	ALC 测试板		
15		40~45	ALC 测试板		

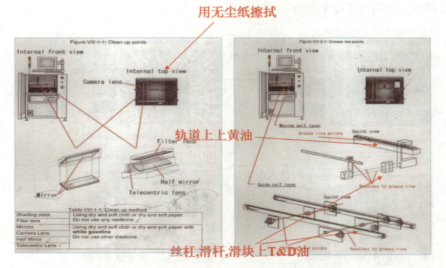

图 4-22　AOI 设备保养内容示意图

2. X-ray 设备的操作与维护

（1）操作步骤

本任务以 UNICOMP X-ray 设备为例，其基本操作步骤如下。

①开 X 光检测，如图 4-23 所示。

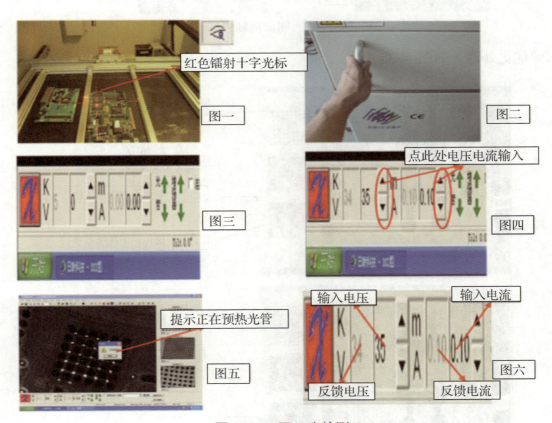

图 4-23　开 X 光检测

②图像清晰调试，如图4-24所示。

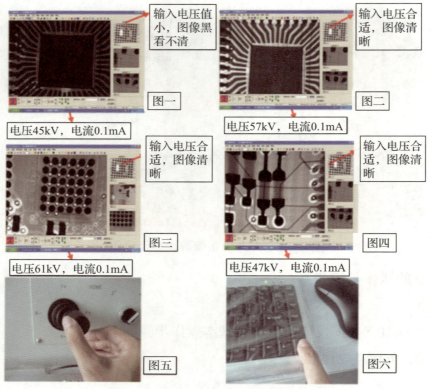

图4-24　图像清晰调试

③图像优化处理，如图4-25所示。

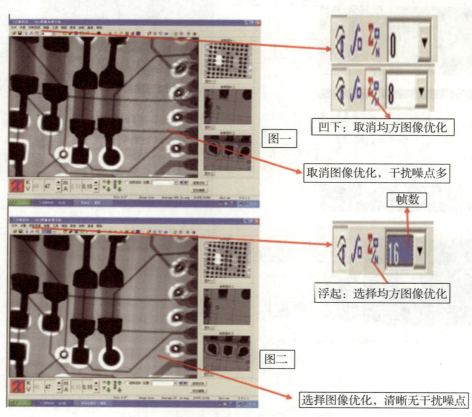

图4-25　图像优化处理

④图像缩放,如图4-26所示。

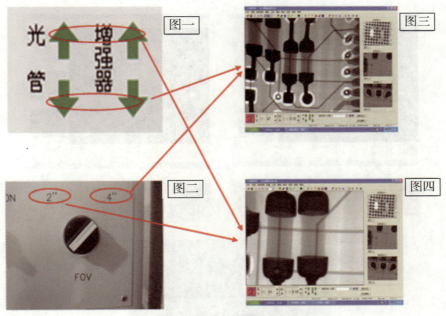

图 4-26 图像缩放

⑤图片的编辑与保存,如图4-27所示。

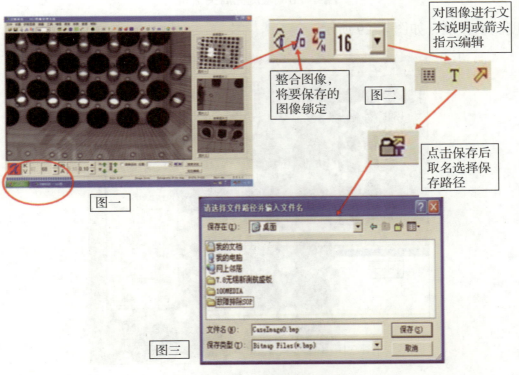

图 4-27 图像的编辑与保存

⑥检测完后关X光，如图4-28所示。

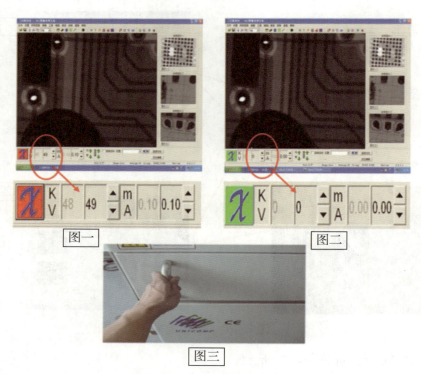

图4-28　检测完后关X光

⑦长度测量校准，如图4-29所示。

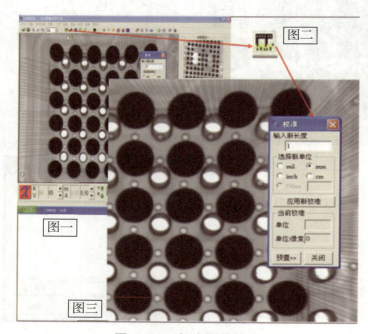

图4-29　长度测量校准

⑧爬锡比率测量，如图4-30所示。

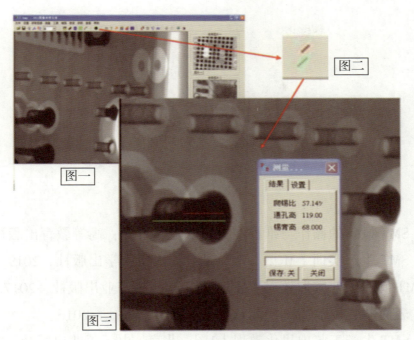

图4-30　爬锡比率测量

（2）操作要领

①检查机器并确认其前后门都已完全关闭。

②打开电源。

③等待机器真空度达到使用标准（真空状态指示灯变绿）后，开始进行机器预热。

④装入样板。

⑤扫描并调节图像。

⑥将图像移到要检查的部位。

⑦保存或打印所需的图像文件。

⑧移动检查部位或者更换样板进行检测，只需重复上述④⑤⑥⑦步即可。

⑨检测完毕后，关闭全部电源。

（3）X-ray设备的维护

对于X-ray常规的维护主要是定期清洁设备表面，检查X射线情况，定期对传动部位清洁加油。

参考文献

[1] 左翠红. SMT 设备的操作与维护 [M]. 2 版. 北京：高等教育出版社，2021.

[2] 王玉鹏. SMT 生产实训 [M]. 2 版. 北京：清华大学出版社，2019.

[3] 沈敏. SMT 制造工艺实训教程 [M]. 北京：机械工业出版社，2017.

[4] 何丽梅. 表面贴装技术 [M]. 北京：电子工业出版社，2016.

[5] 夏玉果. SMT 生产工艺项目化教程 [M]. 北京：电子工业出版社，2016.

[6] 林红华. 表面贴装技术 [M]. 北京：高等教育出版社，2015.

目 录

项目一 印刷机的操作与维护 ……………………………………… 1
    任务一　参观认识 SMT 生产车间 ……………………………… 1
    任务二　印刷鼠标电路板锡膏 …………………………………… 3
    任务三　维护锡膏印刷机 ………………………………………… 6

项目二 贴片机的操作与维护 ……………………………………… 12
    任务一　鼠标电路板贴片前的准备 ……………………………… 12
    任务二　编写鼠标电路板贴片程序 ……………………………… 16
    任务三　鼠标电路板贴片生产 …………………………………… 22
    任务四　维护贴片机 ……………………………………………… 25

项目三 回流焊机的操作与维护 …………………………………… 29
    任务一　认识回流焊机 …………………………………………… 29
    任务二　操作回流焊机 …………………………………………… 31
    任务三　维护回流焊机 …………………………………………… 34

项目四 检测设备的操作与维护 …………………………………… 38
    任务一　认识检测设备 …………………………………………… 38
    任务二　操作与维护检测设备 …………………………………… 41

项目一 印刷机的操作与维护

任务一 参观认识 SMT 生产车间

一、任务描述

今天,电子技术应用专业 1 班的 46 名同学到合作企业 A 公司的 SMT 生产车间参观,并要求完成以下几个小任务。

1. 绘制 SMT 典型生产工艺流程,注明每个环节的设备名称。
2. 完成一批表面贴装元器件的识别和清点。
3. 说明车间温度和湿度配置要求,指明车间安全标志的含义。

二、任务实施

1. 课前准备

(1)提前排查 SMT 车间安全隐患,收拾车间设备和工具,保证车间满足"8S"管理规范要求。

(2)准备一批表面贴装元器件、带台灯的放大镜、数字万用表、游标卡尺。

2. 任务引导

(1)在以下空白框中,填写相应的工艺流程或设备名称,并补充每个环节的设备名称。

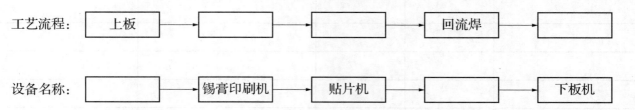

(2)完成表 1-1 所示的 BOM 表的识读和数据转化填写,并将该 BOM 表中的数据转化填入表 1-2 中。

表 1-1 某型号鼠标电路板 BOM 表(元件清单)

零件编号	数量	单位	元件名称	位置
43031069208	1.000	EA	CAP Y5V 10UF 10V −20+80% 0805 WALSIN L	C2
42021047400	1.000	EA	CAP X7R 10UF 25V ± 10% 0603 NORMAL L	C1
4202105730E	1.000	EA	CAP X7R 1.0UF 16V ± 10% 0603 SAMSUN L	C3

续表

零件编号	数量	单位	元件名称	位置
02010002440	1.000	EA	CHIP 10 OHM 5% SER ±5% 0603 NORMA L	R1
02010402440	1.000	EA	CHIP 100K OHM 5% SER ±5% 0603 NOR L	R2
90300335400	1.000	EA	SMD 180DEGREE 1*5P 2.0–5A CON G	J1
75009040253	3.000	EA	LED WHI 0603 PM1608SWAF–B MASON	NUM、CAP、SCR

表1-2　某型号鼠标电路板元件清单转化

元件编号	类型	数量	型号	封装	位号
例：43031069208	电容	1	10UF 10V –20+80%	0805	C2

（3）完成老师准备的一批表面贴装元器件的识别和清点，并完成表1-3。

表1-3　表面贴装元器件的识别和清点

元件编号	类型	数量	型号	封装

（4）口头说明车间温度和湿度配置要求，在对应方框中指明以下车间安全标志的含义。

3. 任务评价

评价内容	分值	评价要点	自评	互评	教师评价	平均分
绘制工艺流程	15分	流程正确、设备正确、内容完整、书写清晰（错1处扣1分）				
BOM表的识读和数据转化	15分	元件编号、类型、数量、型号、封装、位号的数据准确（错1处扣1分）				
识别和清点表面贴装元件实物	15分	元件编号、类型、数量、型号、封装的数据准确（错1处扣1分）				
口头表述说明车间配置要求	15分	温度、湿度、静电要求、安全标志正确（10分，错1处扣1分）				
		表达清楚、逻辑清晰、仪态大方（5分）				
综合素养	20分	8S规范：整理、整顿、清扫、清洁、素养、安全、节约、学习（5分）				
		工作效率、工作态度（5分）				
		安全操作规范、纪律意识（5分）				
		团队协作意识、创新意识（5分）				
教师综合评议（描述总体表现、学生自评和互评的评价准确度）	20分					
总成绩（=平均分+教师综合评议）						
自评学生		互评学生		教师		日期

任务二　印刷鼠标电路板锡膏

一、任务描述

合作企业A公司的SMT生产车间要完成50000块鼠标电路板的贴装生产任务，首先要对鼠标电路板进行印刷锡膏操作，其中主要包含以下几个小任务。

1. 准备锡膏

领取1罐锡膏，完成回温、搅拌操作。

2. 安装钢网

安装钢网时对准钢网开孔和PCB焊盘，调节刮刀和限位传感器。

3. 首件试产

添加适量锡膏,完成首件锡膏印刷和检验。

4. 结束生产

关机,收拾工位。

二、任务实施

1. 课前准备

(1)提前排查 SMT 车间安全隐患,收拾车间设备和工具,保证车间满足"8S"管理规范要求。

(2)准备一批鼠标电路板、与鼠标电路板对应的钢网、锡膏、温度计、锡膏搅拌刀、锡膏自动搅拌机、半自动锡膏印刷机(或全自动锡膏印刷机)。

2. 任务引导

(1)准备锡膏。领取 1 罐锡膏,记录锡膏信息,完成回温、搅拌操作,填写在表 1-4 中。

表 1-4 准备锡膏操作过程记录

领用人员		净重	
领用日期		黏度	
批号		环境温度	
合金成分		开始回温时间	
制造日期		结束回温时间	
失效日期		搅拌方式	
是否失效		搅拌时间	
产品型号		回温人员	
颗粒大小		搅拌人员	

(2)安装钢网。安装钢网时对准钢网开孔和 PCB 焊盘,调节刮刀和限位传感器。请在如下空白处记录操作流程。

（3）首件试产。添加适量锡膏，完成首件锡膏印刷。填写表1-5。

表1-5 锡膏印刷首件试产检查

操作人员		不合格印刷焊盘类型及数量	缺陷原因分析
检查人员			
日期			
总印刷焊盘数量/个			
标准印刷焊盘数量/个			
合格印刷焊盘数量/个			
不合格印刷焊盘数量/个			
操作人员总结体会			

（4）结束生产。关机，收拾工位。请对本次任务进行总结反思，将总结内容写在下方空白处，并选出小组代表对本次任务进行汇报（总结要求：总结内容真实、准确、观点明确、层次分明、条理清晰、符合实际）。

3. 任务评价

评价内容	分值	评价要点	自评	互评	教师评价	平均分
准备锡膏	15分	信息填写正确、书写工整、操作方式正确（错1处扣1分）				
安装钢网	15分	操作规范、正确，钢网和电路板对准，限位传感器设置正确、顶针放置合理、刮刀设置合理（错1处扣1分）				
首件试产	15分	印刷质量合格以上，原因分析到位（错1处扣1分）				
结束生产	15分	操作规范、正确，工位收拾干净、整洁（10分，错1处扣1分）				
		总结反思真实、具体、深刻（5分）				

续表

评价内容	分值	评价要点	自评	互评	教师评价	平均分
综合素养	20分	8S规范：整理、整顿、清扫、清洁、素养、安全、节约、学习（5分）				
		工作效率、工作态度（5分）				
		安全操作规范、纪律意识（5分）				
		团队协作意识、创新意识（5分）				
教师综合评议（描述总体表现、学生自评和互评的评价准确度）	20分					
总成绩（=平均分+教师综合评议）						
自评学生		互评学生		教师	日期	

任务三　维护锡膏印刷机

一、任务描述

良好的维护与保养，能保证锡膏印刷机的印刷品质，延长设备使用寿命，提高工作效率。刚刚结束生产后，需要清洁鼠标电路板生产用的钢网，完成一次印刷机周期保养。

二、任务实施

1. 课前准备

（1）提前排查SMT车间安全隐患，收拾车间设备和工具，保证车间满足"8S"管理规范要求。

（2）准备一批鼠标电路板、与鼠标电路板对应的钢网、半自动锡膏印刷机（或全自动锡膏印刷机）、无醇酒精、无尘纸、高压气枪、润滑油、数字万用表、螺丝刀等。

2. 任务引导

（1）维护钢网。用无水乙醇和无尘纸清洁钢网上残留的锡膏和污渍，并用高压气枪将残留的无醇酒精和其他污渍清理干净，检查钢网是否有变形、划痕、破损等质量问题。填写表1–6。

表1-6 维护钢网过程记录

维护人员		能否与PCB对准	
维护日期		与PCB是否贴合	
检查人员		有无变形	
开始时间		有无划痕	
结束时间		有无破损	
清洁方式		有无毛刺	
操作人员总结体会			

（2）维护印刷机。完成一次印刷机周保养维护，填写表1-7。

表1-7 印刷机周保养维护工作记录

维护内容	维护人员	维护时间	备注
1. 检查各紧急开关功能是否正常			
2. 清洁设备外壳，以免灰尘、异物掉入机器，影响印刷质量和设备寿命			
3. 用无水乙醇清洗运输导轨、中间压板、TABLE工作平台、顶针、顶块			
4. 检测前后刮刀是否到位			
5. 清洗钢板固定支架及刮刀，刮刀座清洁，并检查其固定情况			
6. 清洁网框支架，除去异物			
7. 用无毛棉签清洁X、Y导轨和上下镜头清洗			
8. 用通针对清洗架酒精喷管进行通孔，保证清洗液喷洒均匀，清洗真空吸管			
9. 清洗完平台和顶针后，检查并调整进板时候导轨与PCB的平面度、夹紧度和平行度			
10. 检查各气管及接头是否漏气，必要时更换			
11. 检查停板气缸是否磨损，感应信号速度是否正常			
12. 检查空气过滤器是否正常工作			
13. 检查皮带轮运转情况，检查运输导轨皮带张紧度是否有弹性，调节两导轨右端外侧的两个皮带张紧轮调节螺钉，必要时更换			

续表

维护内容	维护人员	维护时间	备注
14. 清洗传感器,确认其不会产生错误信号			
15. 对CCDX和Y、刮刀、Z轴等传动机构加润滑油			
16. 关机重启后归零,观察原点信号是否到位			
操作人员总结体会			

3. 任务评价

评价内容	分值	评价要点	自评	互评	教师评价	平均分
维护钢网	20分	钢网故障检查到位,维护操作规范、正确,信息填写正确、书写工整(15分,错1处扣1分)				
		总结反思真实、具体、深刻(5分)				
维护印刷机	40分	印刷机故障检查到位,维护印刷机操作规范、正确,信息填写正确、书写工整(35分,错1处扣1分)				
		总结反思真实、具体、深刻(5分)				
综合素养	20分	8S规范:整理、整顿、清扫、清洁、素养、安全、节约、学习(5分)				
		工作效率、工作态度(5分)				
		安全操作规范、纪律意识(5分)				
		团队协作意识、创新意识(5分)				
教师综合评议(描述总体表现、学生自评和互评的评价准确度)	20分					
总成绩(=平均分+教师综合评议)						

自评学生		互评学生		教师		日期	

【思考与练习】

一、填空题

1. 写出下列封装的全称和中文封装名称。

英文简称	英文全称	中文封装名称
BGA		
Chip		
Melf		
SOP		
SOT		

2. 表面贴装元器件包装形式包括_____、_____、_____和_____。
3. 焊锡合金粉末重量占总重量的_____；体积占总体积的_____。
4. 锡膏助焊剂主要包括_____、_____、_____、_____等。
5. 锡膏 Sn96.5Ag3.0Cu0.5 的参数含义是：_____。
6. 锡膏按回流焊接温度分为_____、_____、_____。
7. 锡膏应保存在_____，温度设置为_____℃。
8. 领用锡膏应遵循"_____"的原则，印刷机添加锡膏遵循"_____"的原则。
9. 锡膏搅拌方式分为_____搅拌和_____搅拌，搅拌至_____的效果即可。
10. 据自动化程度，将锡膏印刷机分为_____、_____、_____。

二、选择题

1. 在紧急情况下，应按下（　　）按钮，尽量避免危及人员和设备安全。
   A. 开始 B. 停止
   C. 急停 D. 复位

2. 下面（　　）项质量问题可能会发生在锡膏印刷段。
   A. 侧立 B. 漏印
   C. 连锡 D. 偏位

3. 锡膏使用（　　）小时没有用完，须将锡膏收回罐中重新放入冰箱冷藏。
   A. 8 B. 12
   C. 24 D. 36

4. 印好锡膏 PCB 应在（　　）小时内用完。
   A. 1 B. 2
   C. 3 D. 4

三、问答题

1. 简要写出典型中小型 SMT 生产线基本配置。

2. SMT 基本工艺主要包括哪些要素？

3. "8S" 管理规范的主要内容是什么？

4. SMT 锡膏印刷的标准是什么？

5. 常见锡膏印刷缺陷有哪些？

6. 钢网不良现象主要有哪几个方面？（至少说出 4 种情况）

7. 简述你对锡膏印刷岗位的理解。

项目二　贴片机的操作与维护

任务一　鼠标电路板贴片前的准备

一、任务描述

鼠标电路板印刷锡膏并检查合格之后，需要尽快进行下一步贴片操作（10min 内最好，最多不超过 4h），在贴片前需要做好准备工作。

1. 贴片前的设备准备

在贴片生产开始之前，先将贴片机开机，登录贴片生产软件，进行归零和暖机操作，为贴片生产做好准备。

2. 贴片前的物料准备

在贴片生产开始之前，根据如表 2-1 的 BOM 表（物料清单），领用 PCB、元器件，合理选择编带供料器并完成编带供料器上料操作。

表 2-1　物料清单（BOM 表：Bill of Material）

零件编号	数量	单位	零件名称	位置
18050256	1	EA	LED BLUE 3.5*2	LED
10665942	2	EA	CHIP 0 OHM 0603 NORMAL	JP1，JP2
21058310	2	EA	CHIP 20 OHM SER ± 5% 0603 NORMAL	R1，R2
21058312	2	EA	CHIP 0 OHM 0603 NORMAL	R3，R4
21058313	2	EA	CHIP 10 OHM SER ± 5% 0603 NORMAL	R5，R6
31000231	3	EA	CAP 100UF 25V ± 10% 1206 WALSIN L	C7，C12，C14
31000232	3	EA	CAP 10UF 25V ± 10% 0805 WALSIN L	C8，C9，C22
31000233	2	EA	CAP 22UF 10V ± 20% 0603 WALSIN L	C10，C11
31000234	2	EA	CAP 4.7UF 25V ± 20% 0805 WALSIN L	C13，C16
41300630	1	EA	MCU SOP20 SUNPLUS L	U3

二、任务实施

1. 任务准备

（1）实训设施准备。贴片机（1 台 / 组）、编带供料器（5 把 / 组）、数字万用表（只 / 组）、秒表（只 / 组）、物料清单（1 份 / 组）、物料若干（对应物料清单）。

项目二　贴片机的操作与维护

（2）小组分工。根据人数合理分组（建议 5~10 人 / 组），并为小组取名（如强国组、工匠组、巧手组等）。各组选定组长，负责对组员任务进行分配、指导组员按规范操作和纪律管理；各组选定交叉检查人员，到其他组进行交叉检查、记录和评价。

2. 任务引导

（1）贴片机开机。做好贴片机生产前的安全检查、开机、回原点、暖机等准备工作，记录操作过程数据在表 2-2 中。

表 2-2　贴片机开机操作任务

操作内容	操作要点、数据或结果记录
检查空气压力	
检查额定电压	
检查设备内部污渍和杂物	
检查吸嘴状态	
检查安全盖的状态	
检查设备周围有无干扰生产因素	
打开主开关	
系统软件初始化	
回原点	
暖机	

（2）物料上料。识读物料清单，为每种物料选配合适的供料器类型，正确上料，并记录上料所用的时间，完成表 2-3。

表 2-3　物料上料工作

序号	物料名称	型号	供料器选用类型	数量	位置	上料用时
样例	贴片电阻	0 欧姆 0603	编带供料器 SM8mm 4P	1	R8	20s
1						
2						
3						
4						
5						
6						
7						
8						
9						
10						

（3）贴片机关机。完成贴片机关机操作，记录操作要点与表2-4中。

表2-4 贴片机关机操作任务

操作内容	操作要点、数据或结果记录
停止生产	
复位	
退出软件	
关闭主电源	
检查设备内部有无杂物	
检查设备周围是否有安全隐患	
收拾工位	

（4）请对本次任务进行总结反思，将总结内容写在下方空白处，并选出小组代表对本次任务进行汇报（总结要求：1.总结内容真实、准确、观点明确、层次分明、条理清晰、符合实际；2.代表与近几次所选代表不能重复）。

3. 任务评价

评价内容	分值	评价要点	自评	互评	教师评价	平均分
贴片机开机	20分	操作规范、正确，要点、数据或结果记录正确（错1处扣1分）				
物料上料	25分	物料识别准确，数据填写正确，供料器选型正确，物料上料操作规范、正确，操作熟练迅速（错1处扣1分）				
贴片机关机	15分	操作规范、正确，要点、数据或结果记录正确（错1处扣1分）				
综合素养	20分	8S规范：整理、整顿、清扫、清洁、素养、安全、节约、学习（5分）				
		工作效率、工作态度（5分）				
		安全操作规范、纪律意识（5分）				
		团队协作意识、创新意识（5分）				
教师综合评议（描述总体表现、学生自评和互评的评价准确度）	20分					
总成绩（=平均分+教师综合评议）						
自评学生		互评学生		教师	日期	

【思考与练习】

一、填空题

1. 三星 SM482 是＿＿＿＿＿＿式结构的贴片机。
2. 贴片机操作面板上的＿＿＿＿＿＿按钮可以选择使用正面操作面板或背面操作面板。
3. 当需要更换喂料器时，应按下＿＿＿＿＿＿按钮使贴装头移动到安全位置。
4. 贴片机空气压力应为＿＿＿＿＿＿。

二、选择题

1. 当发生紧急情况时应按下（　　）按钮。
   A. STOP　　　　　B. EMERGENCY　　　C. RESET　　　　D. READY
2. 贴片机暖机时间一般设置为（　　）分钟。
   A.1　　　　　　　B.1~2　　　　　　　C.2~5　　　　　　D.5~10

三、判断题

1. 贴片机的信号塔红灯亮表示贴片机处于紧急停止状态。（　　）
2. 贴片机的信号塔黄灯闪烁表示供料器上的元器件数量不足或表示吸取元件错误。（　　）
3. 示教盒每按一次 MODE 键，切换一种模式。（　　）

四、问答题

1. 贴片机的分类有哪些标准？

2. 简述贴片机的工作原理。

任务二　编写鼠标电路板贴片程序

一、任务描述

现有一批鼠标电路板贴装生产订单，请参照图 2-1 中的电路板和表 2-5 中的物料清单，完成此 3×2 拼板电路板贴片程序的编写。具体要求如下。

（1）新建程序，以自己的姓名和学号命名。

（2）正确完成基板程序（2 个基准点标记）、元件程序、供料器程序、贴装步骤程序的编写。

（3）完成程序的优化。

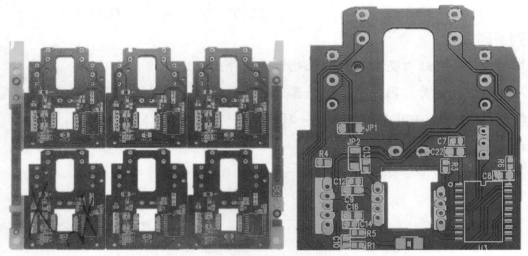

图 2-1　3×2 拼板和单板特写

表 2-5　物料清单（BOM 表: Bill of Material）

零件编号	数量	单位	零件名称	位置
18050256	1	EA	LED BLUE 3.5×2	LED
10665942	2	EA	CHIP 0 OHM 0603 NORMAL	JP1，JP2
21058310	2	EA	CHIP 20 OHM SER ±5% 0603 NORMAL	R1，R2
21058312	2	EA	CHIP 0 OHM 0603 NORMAL	R3，R4
21058313	2	EA	CHIP 10 OHM SER ±5% 0603 NORMAL	R5，R6
31000231	3	EA	CAP 100UF 25V ±10% 1206 WALSIN L	C7，C12，C14
31000232	3	EA	CAP 10UF 25V ±10% 0805 WALSIN L	C8，C9，C22
31000233	2	EA	CAP 22UF 10V ±20% 0603 WALSIN L	C10，C11
31000234	2	EA	CAP 4.7UF 25V ±20% 0805 WALSIN L	C13，C16
41300630	1	EA	MCU SOP20 SUNPLUS L	U3

二、任务实施

1. 任务准备

（1）实训设施准备。贴片机（1台/组）、鼠标电路板（5块/组）、游标卡尺（1只/组）、物料清单（1份/组）。

（2）小组分工。根据人数合理分组（建议5~10人/组），并为小组取名（如强国组、工匠组、巧手组等）。各组选定组长，负责对组员任务进行分配、指导组员按规范操作和纪律管理；各组选定交叉检查人员，到其他组进行交叉检查、记录和评价。

2. 任务引导

（1）新建程序，不勾选"从原有PCB文件拷贝数据"复选框。

（2）完成基板程序的编写，并填写表2-6至表2-10。

①客户名用小组名称，板名称用自己的姓名；

②用游标卡尺测量板的尺寸，并记录数据，调节轨道宽度；完成贴装原点、拼板、基准点标记设置。

表2-6 基板程序的编写任务

操作内容	操作要点、数据或结果记录
客户名	
板名称	
板的大小	
轨道宽度	
定位方式	
Z轴移动高度	
贴装原点位号	
贴装原点坐标值	
拼板数据	
各拼板的坐标值	
基准点标记类型	
基准点标记坐标值	
基准点形状数据	
基准点搜索面积	
极性颜色	
分数	
光线设置数据	
测试分数值	
扫描误差结果	

（3）完成工作元件登记。

表2-7 工作元件登记任务

序号	新建元件名称	封装类型	元件数据	供料器型号	吸嘴型号
样例	JP	0 OHM 0603	X: 1.600, Y: 0.800, 厚度: 0.450	SM8	CN065
1					
2					
3					
4					
5					
6					
7					
8					
9					
10					

（4）完成供料器程序的编写。

表2-8 供料器程序的编写任务

操作内容	操作要点、数据或结果记录
异型元件名称	
异型元件PCB的位号	
杆式供料器类型	
示教贴装头	
供料器基座	
供料器站号	
使用盘式喂料器数量	

（5）完成贴装步骤程序的编写。

表2-9 贴装步骤程序的编写任务

序号	位号	坐标				新建元件名称
		X	Y	Z	R	
1						
2						
3						

续表

序号	位号	坐标				新建元件名称
		X	Y	Z	R	
4						
5						
6						
7						
8						
9						
10						
11						
12						
13						
14						
15						
16						
17						
18						
19						
20						

（6）完成吸嘴配置。

（7）完成程序优化。

表 2-10 程序优化任务

项目	优化结果
总元件数	
单周贴装时长	
贴装点总数	
吸嘴更换次数	
贴装周期数	
每个贴装头拾取比例	
喂料器总数	

（8）请对本次任务进行总结反思，将总结内容写在下方空白处，并选出小组代表对本次任务进行汇报（总结要求：1. 总结内容真实、准确、观点明确、层次分明、条理清晰、符合实际；2. 代表与近几次所选代表不能重复）。

3. 任务评价

评价内容	分值	评价要点	自评	互评	教师评价	平均分
基板程序的编写	20 分	操作规范、正确，贴装原点定位准确，拼板设置正确，基准点标记正确（错 1 处扣 1 分）				
新建元件程序的编写	20 分	元件封装、尺寸数据、喂料器、吸嘴设置正确，新建元件数量足够，异型元件数据测量和设置正确（错 1 处扣 1 分）				
供料器设置	5 分	供料器选择和设置正确（错 1 处扣 1 分）				
贴装步骤程序的编写	15 分	贴装元件对应正确，定位准确，坐标设置正确				
综合素养	20 分	8S 规范：整理、整顿、清扫、清洁、素养、安全、节约、学习（5 分）				
		工作效率、工作态度（5 分）				
		安全操作规范、纪律意识（5 分）				
		团队协作意识、创新意识（5 分）				
教师综合评议（描述总体表现、学生自评和互评的评价准确度）	20 分					
总成绩（= 平均分 + 教师综合评议）						
自评学生		互评学生		教师	日期	

【思考与练习】

一、填空题

1. 基准点标记设置时使用的相机是_____。
2. 新建元件时，点击_____按钮，可以设置元件的供料器类型、吸嘴类型。
3. 在贴装步骤程序的编写过程中，元件贴装坐标中的"R"表示_____。

二、选择题

1. QFN封装的元器件一般选择（　　）供料器。

   A. 编带式　　　　　B. 杆式　　　　　C. 托盘式　　　　　D. 以上三种都可以

2. 吸嘴配置和PCB程序文件设置不同时，显示（　　）颜色。

   A. 红　　　　　　　B. 绿　　　　　　C. 黄　　　　　　　D. 黑

三、判断题

1. 基准点的形状只有圆形。（　　）
2. 贴装原点只能选择右下角第一个直角焊盘。（　　）
3. 基准点设置的误差越小越好。（　　）

四、问答题

1. 简述贴片机编程的主要步骤。

2. 基准点标记选择的标准有哪些？

任务三　鼠标电路板贴片生产

一、任务描述

1. 调用上次课的鼠标电路板贴片程序进行贴片生产，完成首件检查。
2. 已知老师设置了程序或设备故障，请分组观察各组的生产缺陷产品，分析缺陷产生的原因，排除故障后，生产得到 5 块 PCB 贴装合格产品。

二、任务实施

1. 任务准备

（1）实训设施准备。贴片机（1 台/组）、鼠标电路板（5 块/组）、游标卡尺（只/组）、物料清单（1 份/组）。

（2）小组分工。根据人数合理分组（建议 5~10 人/组），并为小组取名（如强国组、工匠组、巧手组等）。各组选定组长，负责对组员任务进行分配、指导组员按规范操作和纪律管理；各组选定交叉检查人员，到其他组进行交叉检查、记录和评价。

2. 任务引导

（1）调用已有程序进行贴片生产，并检查首件质量，若有缺陷，排查并解决故障，并完成表 2-11。

表 2-11　首件生产任务

检查内容	数据或结果记录	首件质量判断	缺陷原因	解决办法	解决效果
有无漏件					
有无错件					
有无偏位					
有无侧翻					
有无损坏					

（2）分组观察各组的生产缺陷产品，分析缺陷产生的原因，排查并解决故障，并完成表 2-12。

表 2-12 贴片生产缺陷任务

产品缺陷	分析原因	解决办法	解决效果	合格品数量

（3）请对本次任务进行总结反思，将总结内容写在下方空白处，并选出小组代表对本次任务进行汇报（总结要求：1.总结内容真实、准确、观点明确、层次分明、条理清晰、符合实际；2.代表与近几次所选代表不能重复）。

3. 任务评价

评价内容	分值	评价要点	自评	互评	教师评价	平均分
首件试产	20分	开机操作规范、供料器上料正确、加载程序正确、试产操作规范、首件检查判断正确、排查问题正确				
贴片生产缺陷排查	15分	发现贴片生产缺陷及时停止生产、操作规范、排查问题原因正确、正确选择处理办法、有效解决缺陷问题、对缺陷产品返修操作正确				
连续生产	10分	连续生产操作正确，生产连续性好，记录生产信息正确				
总结评价	15分	总结反思真实、具体、深刻，改进措施具体、切实可行				
综合素养	20分	8S规范：整理、整顿、清扫、清洁、素养、安全、节约、学习（5分）				
		工作效率、工作态度（5分）				
		安全操作规范、纪律意识（5分）				
		团队协作意识、创新意识（5分）				
教师综合评议（描述总体表现、学生自评和互评的评价准确度）	20分					
总成绩（=平均分+教师综合评议）						
自评学生		互评学生		教师		日期

【思考与练习】

一、填空题

1. 贴片机生产过程中因元件无法正常吸取报警时，_____灯闪烁，此时应先按下_____按钮。

2. 排除贴片机故障后，按下_____按钮继续生产。

3. 示教盒的_____按钮和急停按钮的功能相同。

二、选择题

1. 按（　　）按钮把设备转换成"IDLE"方式。

A. RESET　　　　B. STOP　　　　C. READY　　　　D. RESET

2. 按（　　）按钮关闭蜂鸣器。

A. STOP　　　　B. RESET　　　　C. READY　　　　D. RESET

三、判断题

1. 贴片机生产过程不能打开安全盖（也叫舱门）。（　　）

2. 急停按钮被按下后，可以正常生产。（　　）

3. 贴装步骤程序编写过程中某个元件的坐标定位不准确，会导致元件偏位。（　　）

四、问答题

1. 绘制贴片生产工艺流程图。

2. 贴片工艺标准是什么？

3. 贴片产品元件偏位的可能原因和解决办法是什么？

任务四　维护贴片机

一、任务描述

准备维护工具，完成一次贴片机的日常保养和一次贴片机的月维护，清扫收拾工位。

二、任务实施

1. 任务准备

（1）实训设施准备。贴片机（1台/组）、螺丝刀（1块/组）、数字万用表（1只/组）、扳手（1把/组）、气压枪（1把/组）、无尘纸（1包/组）、小毛刷（1把/组）、WD-40清洁剂（1瓶/组）、润滑剂（1瓶/组）、无水乙醇（1瓶/组）等。

（2）小组分工。根据人数合理分组（建议5~10人/组），并为小组取名（如强国组、工匠组、巧手组等）。各组选定组长，负责对组员任务进行分配、指导组员按规范操作和纪律管理；各组选定交叉检查人员，到其他组进行交叉检查、记录和评价。

2. 任务引导

（1）清点维护工具，完成表2-13。

表2-13　清点维护工具任务

序号	工具名称	数量	单位	工具状态
1				
2				
3				
4				
5				
6				
7				
8				
9				
10				

（2）完成贴片机日维护，并填写表2-14。

表2-14 贴片机日维护任务

操作内容	操作要点、数据或结果记录
检查吸嘴	
检查喂料器	
清洁设备表面	

（3）完成贴片机月维护，并填写表2-15。

表2-15 贴片机月维护任务

操作内容	操作要点、数据或结果记录
吸嘴座管	
真空过滤器	
传送轨道	
PCB感应传感器	
空压检查	
清洁	
润滑	
贴装头空气滤芯	

（4）请对本次任务进行总结反思，将总结内容写在下方空白处，并选出小组代表对本次任务进行汇报（总结要求：1.总结内容真实、准确、观点明确、层次分明、条理清晰、符合实际；2.代表与近几次所选代表不能重复）。

3. 任务评价

评价内容	分值	评价要点	自评	互评	教师评价	平均分
清点维护工具	10分	开机操作规范、供料器上料正确、加载程序正确、试产操作规范、首件检查判断正确，排查问题正确				
贴片机日维护	15分	发现贴片生产缺陷及时停止生产、操作规范，排查问题原因正确，正确选择处理办法，有效解决缺陷问题；对缺陷产品返修操作正确				
贴片机月维护	25分	连续生产操作正确，生产连续性好，记录生产信息正确				
总结评价	10分	总结反思真实、具体、深刻，改进措施具体、切实可行				
综合素养	20分	8S规范：整理、整顿、清扫、清洁、素养、安全、节约、学习（5分）				
		工作效率、工作态度（5分）				
		安全操作规范、纪律意识（5分）				
		团队协作意识、创新意识（5分）				
教师综合评议（描述总体表现、学生自评和互评的评价准确度）	20分					
总成绩（=平均分+教师综合评议）						
自评学生		互评学生		教师		日期

【思考与练习】

一、填空题

1. 清洁剂 WD-40 是_____多用途保养剂,集防锈、除湿、除锈、润滑、清洁、电导等功能,能解决金属制品的各类日常养护问题。

2. 无水乙醇又称为_____。

二、选择题

1. 若吸嘴异物有堵塞,则应用专用清洗液或酒精注入吸嘴孔内,用(　　)将其吹干净。

A. 吹风机　　　　B. 嘴巴　　　　C. 气压枪　　　　D. 贴装头

2. 若发现供料站有异物,则用(　　)清扫异物,并用气压枪吹去灰尘。

A. 小毛刷　　　　B. 螺丝刀　　　　C. 无尘纸　　　　D. 扫帚

三、判断题

1. 更换吸嘴时可能安装不良。　　　　　　　　　　　　　　　　　　(　　)

2. 若吸嘴座管损坏,更换吸嘴座管时,需关闭空压设备,避免影响贴装头的功能。(　　)

3. 检查传送带的张力是否过松或过紧,应调节张力至合适状态。　　　　(　　)

四、问答题

1. 贴片机维护的常用工具有哪些?

2. 贴片机维护的分类有哪些?分别主要包括哪些内容?

项目三　回流焊机的操作与维护

任务一　认识回流焊机

一、任务描述

到生产性实训车间认识回流焊机，观察回流焊机工作过程，实施任务，完成工作原理分析、结构组成剖析、技术参数配置等。

二、任务实施

1. 课前准备

课前完成线上学习，从网络平台接受任务，通过查询互联网、数字图书、教材分析有关信息，然后分组进行回流焊机原理讨论、分析等，完成预习任务。

2. 任务引导

（1）小组讨论。根据所查询资料在表 3-1 中列出常用回流焊机类别、型号等信息。

表 3-1　常用的回流焊机型号记录

序号	名称	型号	主要参数	作用

（2）分组实施。认识生产性实训室所用回流焊机，在表 3-2 中列出回流焊机结构组成、参数信息。

表 3-2　回流焊机组成及参数记录

设备名称	设备型号	设备组成	控制系统主要参数	温度曲线设置内容

（3）如图 3-1 所示，请指出这是什么设备？图示标号各部分是什么？

图 3-1　待识别设备 1

（4）如图 3-2 所示，请指出设备名称是什么？主要构成有哪几大系统？

图 3-2　待识别设备 2

（5）请对本次任务进行总结反思，将总结内容写在下方空白处，并选出小组代表对本次任务进行汇报（总结要求：1. 总结内容真实、准确、观点明确、层次分明、条理清晰、符合实际；2. 代表与近几次所选代表不能重复）。

3. 任务评价

评价内容	分值	评价要点	自评	互评	教师评价	平均分
资料收集整理	15分	全面、正确、内容完整、书写清晰（错1处扣1分）				
车间设备认知	15分	作业单完整、内容全面、书写清晰工整（错1处扣1分）				
识别和清点表面贴装元件实物	15分	元件编号、类型、数量、型号、封装的数据准确（错1处扣1分）				
认识台式回流焊机和全自动回流焊机	15分	书写规范、答案全面正确、安全标志正确（10分，错1处扣1分）				
		表达清楚、逻辑清晰、仪态大方（5分）				
综合表现	20分	8S规范：整理、整顿、清扫、清洁、素养、安全、节约、学习（5分）				
		工作效率、工作态度（5分）				
		安全操作规范、纪律意识（5分）				
		团队协作意识、创新意识（5分）				
教师综合评议（描述总体表现、学生自评和互评的评价准确度）	20分					
总成绩（＝平均分＋教师综合评议）						
自评学生		互评学生		教师	日期	

任务二　操作回流焊机

一、任务描述

设置台式回流焊机常规焊接参数，用台式回流焊机回流焊；设置全自动回流焊机运行参数、PID参数、机器参数，以及超温报警设定、温度补偿设定、密码修改设定，对贴好元件PCB进行回流焊。

二、任务实施

1. 课前准备

（1）提前排查 SMT 车间安全隐患，收拾车间设备和工具，保证车间满足"8S"管理规范要求。

（2）准备一批贴片好的电路板，以及任务工作单。

2. 任务引导

（1）点检设备。具体点检项目及要求如表 3-3 所示。

表 3-3　点检设备记录

序号	点检项目	点检保准	点检方法	点检记录
1	设备	外部清洁、无异物	目视	
2	UPS	正常开启	目视	
3	链条	张力合适，无变形、松动、破损	手动	
4	状态指示灯	正常亮灯	手动	
5	急停按钮	正常动作	手动	
6	操作按钮	正常动作	手动	
7	排风管	正常排风	手动	
8	加热效果	炉温合适	Profile 验证	
9	加热状态	温度差异在 10℃ 以内	目视	

（2）台式和全自动式回流焊机开关机。分别绘制开关机流程图。

（3）请对回流焊机作如图 3-3 所示的参数设置，并简要编写作业指导书。

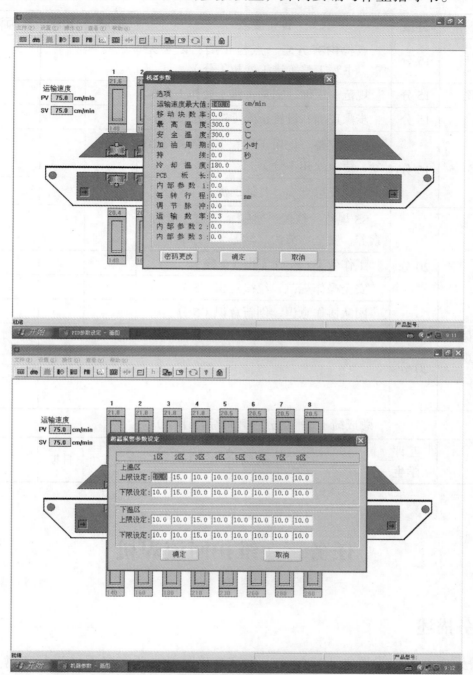

图 3-3 回流焊机参数设置示意图

（4）请对本次任务进行总结反思，将总结内容写在下方空白处，并选出小组代表对本次任务进行汇报（总结要求：1. 总结内容真实、准确、观点明确、层次分明、条理清晰、符合实际；2. 代表与近几次所选代表不能重复）。

3. 任务评价

评价内容	分值	评价要点	自评	互评	教师评价	平均分
点检准备	15分	点检内容齐全、点检正确、记录完整、书写工整（错1处扣1分）				
开关机流程图	15分	规范、正确、完整（错1处扣1分）				
参数设置	15分	步骤正确、设置正确（错1处扣1分）				
作业指导书	15分	编制完整、记录正确、书写工整（10分，错1处扣1分）				
		总结反思真实、具体、深刻（5分）				
综合表现	20分	8S规范：整理、整顿、清扫、清洁、素养、安全、节约、学习（5分）				
		工作效率、工作态度（5分）				
		安全操作规范、纪律意识（5分）				
		团队协作意识、创新意识（5分）				
教师综合评议（描述总体表现、学生自评和互评的评价准确度）	20分					
总成绩（=平均分+教师综合评议）						
自评学生		互评学生	教师		日期	

任务三　维护回流焊机

一、任务描述

根据设备无损、参数设置能正常操作、生产准确高效、设备各系统运行正常几个方面，按照日维护和月周维护进行任务实施。完成常规清洁、润滑、检修等任务。

二、任务实施

1. 课前准备

（1）提前排查SMT车间安全隐患，收拾车间设备和工具，保证车间满足"8S"管理规范要求。

（2）准备好无水乙醇、无尘纸、螺丝刀、扳手、高压气枪、润滑油、水平仪、数字万用表、真空吸尘器等。

2. 任务引导

（1）常规保养记录如表3-4。

表3-4 回流焊机常规保养记录

维护内容	维护人员	维护时间	备注
1. 清洁上下温区和网带			
2. 清洁密封带和轨道			
3. 氧气分析仪过滤更换			
4. 清洁UPS电源表面			
5. 润滑运输导轨和链条			
6. 润滑前后方形轴杆			
7. 检查轨道平行度			
8. 清洁排风管及风扇			
操作人员总结体会			

（2）常见简易故障排除。记录如表3-5。

表3-5 回流焊机检修记录

检修内容	检修人员	检修时间	备注
1. 开机时没有电			
2. 报警信息"与回流焊的通信中断"			
3. 开机后，计算机上出现3277°现象			
4. PCB的冷却不良			
5. 计算机显示异常			
6. 温度不稳定			
7. 显示无法正常升温			
8. 吹风电机有噪音			
操作人员总结体会			

（3）三益电气生产漏电保护器产品时，出现炉后"飞件"现象，工程师迅速确认炉前贴片状况，贴片位置非常准确，未发生任何"飞件"现象，在炉后依然出现。后打开炉盖检查时发现，链条上有很多助焊剂的残留物，PCB经过时被助焊剂的残留物撞到从而导致"飞件"现象，

要求维护工程师立即整改,请制定一份回流炉保养计划。

(4)请对本次任务进行总结反思,将总结内容写在下方空白处,并选出小组代表对本次任务进行汇报(总结要求:1.总结内容真实、准确、观点明确、层次分明、条理清晰、符合实际;2.代表与近几次所选代表不能重复)。

3. 任务评价

评价内容	分值	评价要点	自评	互评	教师评价	平均分
回流焊机的保养	20分	回流焊机故障检查到位,维护操作规范、正确,信息填写正确、书写工整(15分,错1处扣1分)				
		总结反思真实、具体、深刻(5分)				
回流焊机的检修及保养计划制定	40分	回流焊机故障检查到位,检修操作规范、正确,信息填写正确、书写工整;计划制定规范、完善、工整(35分,错1处扣1分)				
		总结反思真实、具体、深刻(5分)				
综合表现	20分	8S规范:整理、整顿、清扫、清洁、素养、安全、节约、学习(5分)				
		工作效率、工作态度(5分)				
		安全操作规范、纪律意识(5分)				
		团队协作意识、创新意识(5分)				
教师综合评议(描述总体表现、学生自评和互评的评价准确度)	20分					
总成绩(=平均分+教师综合评议)						
自评学生		互评学生	教师		日期	

【思考与练习】

一、填空题

1. SMT 工艺有两种最基本的工艺流程式,一种是_____工艺,另一种是贴片波峰焊工艺。

2. 点胶,即将胶水滴到_____的指定位置上,它的主要作用是将元器件固定到 PCB 上,所用设备为_____,位于 SMT 生产线的最前端或者检测设备后面。

3. 回流焊接的作用是将_____熔化,使表面贴装元器件与 PCB 牢固粘接在一起。所用设备为_____,同样位于 SMT 生产线中贴片机的后面。

4. 用 Create-SMT500 台式回流焊机进行回流焊接,为达到最佳焊接效果,可以根据某一批电路板的实际情况,设定最佳的参数并保存起来供后续调用。焊接参考参数:有铅焊接参考参数为:预热时间 200s,预热温度_____℃,焊接时间 160s,焊接温度 220℃;无铅焊接参考参数为:预热时间_____s,预热温度 180℃,焊接时间 160s,焊接温度 255℃。根据电路板和元器件的不同而稍有差异。

二、问答题

1. 回流焊机排出的废气对环境会造成一定的污染,一般回流焊机都配备什么系统来减少回流焊机对环境的污染?说明其主要作用。

2. 某公司加工某计算机产品时,炉后检验人员发现某钽电容焊点有裂纹,请问这是由于什么原因引起的?炉温曲线的哪个温区设定不合理会造成该问题?

3. 某公司生产时测试的炉温曲线如图 3-4 所示,请分析:1)图中红色与绿色的炉温曲线有何问题? 2)采用上述炉温曲线会造成何种焊接不良?

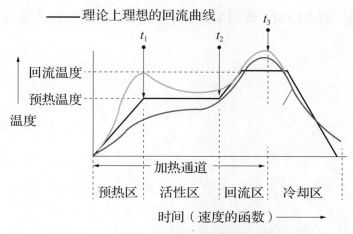

图 3-4 某公司生产时测试的炉温曲线

4. 生产中,回流焊机的三色灯塔常会亮不同的颜色,我们可根据灯塔的颜色判断回流焊机当前的工作状态。请说明三色灯塔各表示什么含义。

项目四　检测设备的操作与维护

任务一　认识检测设备

一、任务描述

到生产性实训车间认识 AOI 和 X-ray 设备，绘制 SMT 典型生产工艺流程，注明每个环节的设备名称。认识其中检测环节的 AOI 和 X-ray 设备结构，观察生产过程中的目测法检测、AOI 检测和 X-ray 检测的步骤及操作方法，并进行检测设备的简单操作，完成任务单填写。

二、任务实施

1. 课前准备

（1）提前排查 SMT 车间安全隐患，收拾车间设备和工具，保证车间满足"8S"管理规范要求。

（2）准备一批表面贴装完成的电路板、AOI 和 X-ray 检测设备、带台灯的放大镜、数字万用表等。

2. 任务引导

（1）在以下空白处，绘制 SMT 典型生产工艺流程图，注明每个环节的设备名称。并阐述为什么设置检测环节。

项目四 检测设备的操作与维护

（2）如图4-1所示Create-PDM2000视频检测仪，请在表4-1中填写编号所对应的名称。

表4-1 Create-PDM2000视频检测仪组成部分

编号	名称	编号	名称
1		8	
2		9	
3		10	
4		11	
5		12	
6		13	
7			

图4-1 Create-PDM2000视频检测仪组成

（3）请简述AOI检测设备的组成及工作原理。

（4）请简述X-ray检测设备的组成及工作原理。

（5）请绘制AOI和X-ray检测设备开机和关机流程图，并完成开关机操作，将开关机过程遇到的问题如实填入表4-2。

表 4-2 开关机过程遇到的问题记录

设备	开机流程	关机流程	操作过程记录
AOI			
X-ray			

（6）请对本次任务进行总结反思，将总结内容写在下方空白处，并选出小组代表对本次任务进行汇报（总结要求：1.总结内容真实、准确、观点明确、层次分明、条理清晰、符合实际；2.代表与近几次所选代表不能重复）。

3. 任务评价

评价内容	分值	评价要点	自评	互评	教师评价	平均分
绘制工艺流程	10分	流程正确、设备正确、内容完整、书写清晰（错1项扣2分）				
认识Create-PDM2000	10分	填写完整、正确（错1处扣1分）				
阐述AOI组成及原理	15分	组成项完整、各部分作用、基本工作原理				
阐述X-ray组成及原理	15分	组成项完整、各部分作用、基本工作原理				
AOI和X-ray开关机操作	20分	组成项完整、各部分作用、基本工作原理（错1处扣1分）				
综合素养	10分	8S规范：整理、整顿、清扫、清洁、素养、安全、节约、学习（2分）				
		工作效率、工作态度（4分）				
		安全操作规范、纪律意识（2分）				
		团队协作意识、创新意识（2分）				
教师综合评议（描述总体表现、学生自评和互评的评价准确度）	20分					
总成绩（=平均分+教师综合评议）						
自评学生		互评学生	教师		日期	

任务二　操作与维护检测设备

一、任务描述

到生产性实训车间进行目测法检查，总结目测法检查的优缺点；然后，操作 AOI 和 X-ray 设备，实现产品检测任务，对比目测和机器检测的区别；最后，完成检测任务，进行 AOI 和 X-ray 设备维护任务，并做好记录。

二、任务实施

1. 课前准备

（1）提前排查 SMT 车间安全隐患，收拾车间设备和工具，保证车间满足"8S"管理规范要求。

（2）准备一批表面贴装完成的电路板、AOI 和 X-ray 检测设备、带台灯的放大镜、数字万用表等。

2. 任务引导

（1）用目测法检查产品。结果记录于表 4-3 至表 4-5。

表 4-3　用目测法检测锡膏印刷质量记录

产品检测部位	理想状态	实际状态	缺陷描述
检测时间		检测人	

表 4-4　用目测法检测贴片质量

产品检测部位	理想状态	实际状态	缺陷描述
检测时间		检测人	

表 4-5　用目测法检测焊接质量记录

产品检测部位	理想状态	实际状态	缺陷描述
检测时间		检测人	

（2）AOI 设备操作任务。操作记录于表 4-6。

表 4-6　AOI 设备操作记录

任务		产品		设备型号	
日期		人员			
任务内容		任务流程		情况记录	

（3）AOI 设备维护任务。操作记录于表 4-7。

表 4-7　AOI 设备维护记录

任务		产品		设备型号	
日期		人员			
序号	保养项目	保养方法	保养基准	保养用具	备注

（4）X-ray 设备操作任务。操作记录于表 4-8。

表 4-8　X-ray 设备操作记录

任务		产品		设备型号	
日期		人员			
任务内容		任务流程		情况记录	

（5）X-ray 设备维护任务。操作记录于表 4-9。

表 4-9　X-ray 设备维护记录

任务		产品		设备型号	
日期		人员			
序号	保养项目	保养方法	保养基准	保养用具	备注

（6）请对本次任务进行总结反思，将总结内容写在下方空白处，并选出小组代表对本次任务进行汇报（总结要求：1. 总结内容真实、准确、观点明确、层次分明、条理清晰、符合实际；2. 代表与近几次所选代表不能重复）。

3. 任务评价

评价内容	分值	评价要点	自评	互评	教师评价	平均分
目测法检查	20分	信息填写正确、书写工整、结果正确（错1处扣1分）				
AOI设备操作与维护	20分	操作规范、正确，检测精准，记录完整（错1处扣1分）				
X-ray设备操作与维护	20分	操作规范、正确，检测精准，记录完整（错1处扣1分）				
结束检测任务	10分	操作规范、正确，工位收拾干净、整洁（错1处扣1分）				
		总结真实、具体、深刻				
综合素养	10分	8S规范：整理、整顿、清扫、清洁、素养、安全、节约、学习（2分）				
		工作效率、工作态度（4分）				
		安全操作规范、纪律意识（2分）				
		团队协作意识、创新意识（2分）				
教师综合评议（描述总体表现、学生自评和互评的评价准确度）	20分					
总成绩（=平均分+教师综合评议）						
自评学生		互评学生		教师	日期	

【思考与练习】

一、填空题

1. 印刷在焊盘上的焊膏量允许有一定的偏差,但焊膏覆盖在每个焊盘上的面积应大于焊盘面积的_____。

2. 焊盘和引出端面上看不到贴片胶沾染的痕迹,胶点位于各个焊盘中间,其大小为点胶嘴的_____倍左右,胶量以贴装后元件焊端与PCB的焊盘不_____为宜。

3. 良好的焊点应是焊点_____、_____,焊料铺展到焊盘_____。

4. 视频检测仪对图像放大率有贡献的部件,自上而下有辅助物镜、主物镜、摄影目镜、CCD摄像机、显示器。前3个部件产生_____放大,后2个部件产生_____放大。

5. 用视频检测仪检测时,转动主物镜的_____,可以获得连续变化的_____。

二、问答题

1. AOI可放在生产线上的多个位置对产品进行检测,在各个位置可检测特殊缺陷,AOI放在锡膏印刷之后有什么优点?

2. SMT线体规划时,将AOI放在回流焊后检验可检验哪些不良?这样做有什么不利的地方?